JN026596

日常の中の物理学

齊藤 史郎 著

学術図書出版社

まえがき

　本書は，主に文系の大学生を対象とした，一般教養課程における物理学の講義用テキストである．日常の中に見られる物理現象や物理学の応用を例にとって，基礎的な物理学を学ぶことができるようになっている．

　日常の中には様々な物理が存在する．物体が落下する現象や様々な気象現象がその例にあげることができる．また，物理学を応用した，LED，エアコン，電子レンジ，パソコン，スマートフォンなどは，我々の生活を豊かにしてくれている．これらの物理に興味を持って，基礎的な物理学とその応用を理解すれば，人生はより豊かなものになると考えられる．様々な物理現象はなぜ起こるかという疑問を持つことは大切で楽しいことであり，それを解決することも楽しいことである．このような物理学の楽しさを知ってもらいたいという趣旨で，本書を執筆した．

　本書では，扱っていない物理現象や応用もあるが，できるだけ多くの物理現象の実例や応用例をあげて解説している．また，本書ではわかりやすさに重きをおいたため，内容に正確さを欠いた部分も多々ある．日常の物理現象の説明では，数学的表現は用いているが，できるだけ簡単な表現にとどめている．これは，文系学生に多くみられる数学アレルギーを考慮したためである．そのため，本書で用いる数学の知識は，四則演算，指数の演算，ベクトルの足し算のみにしてある．もちろん，三角関数や微分積分を追加して講義を行うことも可能である．また，できるだけ学生に考えてもらえるように所々に問も設けている．

　このテキストで扱っている分野は，力学，波動論（光と音），流体力学，熱力学，電磁気学，相対性理論，量子力学，素粒子と宇宙である．相対性理論，量子力学，素粒子と宇宙については簡単な概要のみにとどめてある．セメスター制で講義を行う場合，第1セメスターで力学（第2章～第9章）と波動論（第10章～第13章），第2セメスターでは流体力学（第14章～第16章），熱力学（第17章～第19章），

電磁気学（第20章～第23章）の内容を中心とするモデルが考えられる．また，もうひとつのモデルは，第1セメスターで力学（第2章～第9章）と流体力学（第14章～第16章），第2セメスターでは波動論（第10章～第13章），熱力学（第17章～第19章），電磁気学（第20章～第23章）の内容を中心にするモデルである．そして，それぞれのセメスターの残り時間に，現代物理学に関する内容（第24章～第28章）を扱う講義内容がよいと考えられる．

この教科書と合わせて読むと良い書籍，またさらなる学習に適した書籍をあげておく．

[1] 米澤富美子：『人物で語る物理入門 上・下』（岩波書店，2005, 2006）

[2] 朝永振一郎：『物理学とは何だろうか 上・下』（岩波書店，1979）

[3] 石綿良三：『図解雑学 流体力学』（ナツメ社，2007）

[4] 大塚徳勝：『これならわかる物理学』（共立出版，2012）

[5] 原康夫：『第5版 物理学基礎』（学術図書出版社，2016）

[1] は人物を中心とした物理学史を扱っていて，合わせ読むとよい．また，[2] はノーベル物理学賞を受賞した朝永振一郎の著作であるが，熱力学について詳しく書いてあり，さらなる学習に適している．力学，熱力学，統計力学についてしか書かれていないのが残念である．物理学の学習をさらに進めるには，[5] が最適である．

本書の執筆にあたり，学術図書出版社の貝沼稔夫氏にはたいへんお世話になりました．執筆にかなりの時間を要し，氏にはかなりの迷惑をかけることになってしまいました．我慢強く待ってくださった貝沼稔夫氏に感謝いたします．

2019年2月

齊藤 史郎

目　　次

第1章

準備：物理学ってなに？

1.1　物理学ってなに？

「物理学ってなに？」という問に答えるのは簡単ではないが，「自然界で見られる様々な現象を，観測事実をよりどころにしつつ，その中に潜む普遍性を探究する学問」と言えるだろう．見いだされた普遍性は物理法則としてまとめられる．そして，できるだけ少ない事項で多くの現象を説明しようとするのが，物理学の特徴と言うことができる．例えば，第 28 章で見るように，物質の根源となる素粒子は 17 種類に分類されている．この 17 種類の素粒子で，これまで発見されてきた数百種類の粒子やその性質をすべて説明することができる．しかし，物理学者はもっと少ない粒子ですべてを説明したいのである．現在，そのような理論として，超弦理論が勢力的に研究されている．超弦理論では，素粒子を弦で表し，様々な粒子を弦の振動の違いとして表す理論である．そうすると，弦は開いた弦（両端がある弦）と閉じた弦（輪っか）の 2 種類となる．17 種類もあった基本的な粒子は，たった 2 つの弦だけでよいとなるのである．

物理学の研究対象は，自然界で起こる現象，物質の性質や構造，宇宙の成り立ちや構造などである．しかし，近年，物理学の研究対象がさらに拡大している．以前は物理学の研究対象とは考えられなかったものにも拡大している．例えば，生物がそのひとつである．生体現象や生態系を物理学的に解明しようとする生物物理学がある．また，経済現象を物理学的に解明しようとする経済物理学も登場している．

物理学は様々な観点から分類することができる．研究手法による分類では，実験物理学，理論物理学，計算物理学，数理物理学と分類されている．**実験物理学**はその名のとおり，実験や観測によって物理現象を理解しようとする物理学である．実験物理学は，実証するという物理学で非常に重要な役割を担っている．**理論物理学**は，観測事実をもとに，その中に潜む法則性やその起源を明らかにし，統一的な

理論を構築する物理学である．また，演繹によって未知の現象を予言することも理論物理学の重要な仕事となっている．**計算物理学**は，理論物理学と実験物理学の中間的なもので，計算機を用いて数値的に方程式を解き，物理現象の再現や検証を行う物理学である．このような方法をシミュレーションまたは計算機実験などという．また，計算物理学では計算方法の開発も行っている．**数理物理学**は，物理学と数学の境界上にあり，物理学の定式化に適した数学的手法の構築を行う物理学である．

　物理学を対象別に分類すると，力学，連続体力学，光学，熱力学，統計力学，電磁気学，相対性理論，量子力学のように分類できる．力学は力と運動の関係を扱う分野で，17 世紀後半にニュートンによって整備された**力学**[1]と，それを一般的な形式にまとめた**解析力学**がある．**連続体力学**は弾性体や流体の力学的現象を扱う分野で，**流体力学**はこの範疇に入る．**熱力学**は，熱機関の研究から出発し，熱の性質や巨視的な熱現象を扱う分野である．**統計力学**は微視的な視点から確率論を用いて巨視的な性質を導く分野である．熱力学の巨視的な熱現象は，統計力学で微視的な視点から導くことができる．**電磁気学**は電気と磁気を統一的に説明する理論である．**相対性理論は**，力学と電磁気学を統一した理論で，時間と空間を扱った理論である．量子力学はミクロの世界の力学である．ミクロの世界はニュートン力学が適用できないため，量子力学が建設された．

　物理学は以上のように分類されるが，歴史によっても分類することができる．20 世紀を境にそれより前の物理学を**古典物理学**[2]，20 世紀以降の物理学を**現代物理学**という．このように分けられるのは，現代物理学の概念が古典物理学のものと大きく異なったものになったためである．20 世紀初頭に，空間と時間の概念は大きく変わり，観測者の状態が観測結果に影響するということがわかったのである．古典物理学では，空間も時間の流れ方も常に一様であると考えられているが，20 世紀に登場した相対性理論では完全に否定されている．また，ミクロの世界を扱う量子力学では，観測という行為が観測結果に影響することが明らかとなったのである．

---

[1] ニュートン力学とか古典力学とよばれる．
[2] 古典論ともいう．

1.2 物理学と数学の関係

　物理現象を特徴づけるために，物理量という数量を用いる．そのために，物理学では数学を用いるのである．物理学で数学を用いるということが，多くの人々が物理学を敬遠する結果となっている．物理学では，観測結果などを客観的に表現しなければならないため，様々な状態を数値で表現するのである．したがって，物理学では数学が必要なのである．また，様々な物理量の関係も数式で表現すると，簡潔で曖昧さなく表現することができる．文章で表現すると，多数の表現のしかたが可能となり，曖昧さも生じてくる．しかし，数式での表現は，ほぼ一通りしかないため，曖昧さが生じない．しかも，それぞれの物理量どうしの関係もすぐに理解できる．文章で表現されたものから，物理量どうしの関係を頭の中に思い描くのはなかなか難しい．

1.2.1 物理学で使用する数学

　物理学で用いる数学は，微分・積分，ベクトル，指数・対数などである．微分・積分は，物理学の基本的な数学であるが，本書では用いていない．本書では，四則演算，指数の演算，ベクトルの足し算のみ必要となる．ここでは，指数とベクトルの計算を簡単にみていこう．

　物理学で扱う対象は，大きいものから小さいものまである．そのため，登場する数値は非常に大きい数から非常に小さい数となる．これらを表現するとき，指数表示を用いる．例えば，

$$a = 5\underbrace{10000000}_{8\text{桁}} = 5.1 \times 10^8$$

$$b = 0.\underbrace{0001}_{4\text{桁}}2 = \frac{1.2}{10000} = 1.2 \times 10^{-4}$$

のように表現する．また，これらの数のかけ算 $a \times b$ を行うと

$$a \times b = 6.12 \times 10^4$$

となる．つまり，指数部は $10^{8+(-4)}$ と計算される．割り算 $a \div b$ の場合の指数部は $10^{8-(-4)}$ と計算され，

$$a \div b = 4.25 \times 10^{12}$$

となる．一般に，$a = \alpha \times 10^m$ と $b = \beta \times 10^n$ のかけ算は

$$a \times b = \alpha \times \beta \times 10^{m+n}$$

と計算され，割り算は

$$a \div b = \alpha \div \beta \times 10^{m-n}$$

と計算される．

　物理量は大きさと向きを持つベクトルと大きさのみのスカラーがある．一般に，ベクトルは太字で $\boldsymbol{A}$ のように書く．ベクトル $\boldsymbol{A}$ の大きさは A で表す．ベクトル $\boldsymbol{A}$ にスカラー k をかけると，大きさは $|k|A$ で，$k > 0$ の場合は $\boldsymbol{A}$ と同じ向きで，$k < 0$ の場合は $\boldsymbol{A}$ と逆向きのベクトルとなる（図1.1）．

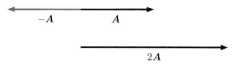

図 1.1

例えば，$-\boldsymbol{A}$ は $\boldsymbol{A}$ と大きさが同じで逆向きのベクトルとなる．2つのベクトル $\boldsymbol{A}$ と $\boldsymbol{B}$ の足し算

$$\boldsymbol{C} = \boldsymbol{A} + \boldsymbol{B} \tag{1.1}$$

は，図1.2のように $\boldsymbol{A}$ と $\boldsymbol{B}$ を2辺とする平行四辺形の対角線が $\boldsymbol{C}$ となる．

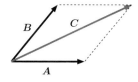

図 1.2　ベクトルの足し算

$\boldsymbol{B} = k\boldsymbol{A}$ であるとき，

$$\boldsymbol{C} = \boldsymbol{A} + \boldsymbol{B} = \boldsymbol{A} + k\boldsymbol{A} = (k+1)\boldsymbol{A} \tag{1.2}$$

となる．このとき，$k = -1$ であれば $\boldsymbol{C}$ の大きさは 0 となる．大きさ 0 のベクトルを**零ベクトル**といい，$\boldsymbol{0}$ と書く．

物理学で用いる数式では，ギリシャ文字を使用することが多々ある．表 1.1 にギリシャ文字の大文字・小文字と読み方を示しておく．

表 1.1   ギリシャ文字

読み方	大文字	小文字	読み方	大文字	小文字
アルファ	A	α	ニュー	N	ν
ベータ	B	β	グザイ	Ξ	ξ
ガンマ	Γ	γ	オミクロン	O	o
デルタ	Δ	δ	パイ	Π	π
イプシロン	E	ϵ, ε	ロー	P	ρ
ゼータ	Z	ζ	シグマ	Σ	σ
イータ	H	η	タウ	T	τ
シータ	Θ	θ	ウプシロン	Υ	υ
イオタ	I	ι	ファイ	Φ	ϕ, φ
カッパ	K	κ	カイ	X	χ
ラムダ	Λ	λ	プサイ	Ψ	ψ
ミュー	M	μ	オメガ	Ω	ω

1.2.2　単位

物理学では様々な単位を用いる．標準的な単位は**国際単位系**または **SI 単位系**とよばれている．これは，長さを m（メートル），時間を s（秒），質量を kg（キログラム），電流を A（アンペア），温度を K（ケルビン），光度を cd（カンデラ），物質量を mol（モル）の 7 つを基本単位とする単位系である．基本単位以外の単位は，基本単位を用いて組み立てられる．例えば，速さは移動距離を移動時間で割った量なので，速さの単位は長さの単位 m を時間の単位 s で割った m/s となる．また，加速度は速度変化を変化時間で割った量なので，速度の単位 m/s を時間の単位 s で割った $\mathrm{m/s^2}$ となる．

前述のように，大きな数や小さい数は指数表示できた．これは，単位に接頭語を付けて表現することもできる．馴染みのあるものとしては，1000 m を 1 km と表すものがある．この場合，10^3 を表す k（キロ）という接頭語を単位に付けている．このような接頭語を表 1.2 に示した．

表 1.2　SI 接頭語

接頭語	記号	指数	接頭語	記号	指数
ヨタ	Y	10^{24}	デシ	d	10^{-1}
ゼタ	Z	10^{21}	センチ	c	10^{-2}
エクサ	E	10^{18}	ミリ	m	10^{-3}
ペタ	P	10^{15}	マイクロ	μ	10^{-6}
テラ	T	10^{12}	ナノ	n	10^{-9}
ギガ	G	10^{9}	ピコ	p	10^{-12}
メガ	M	10^{6}	フェムト	f	10^{-15}
キロ	k	10^{3}	アト	a	10^{-18}
ヘクト	h	10^{2}	ゼプト	z	10^{-21}
デカ	da	10^{1}	ヨクト	y	10^{-24}

第 2 章

物はどのように落ちるか

　落下という物理現象が，どのように，また，なぜ起こるのかは，紀元前から考えられていた．古代ギリシャでは哲学的に考えられていたが，16 世紀に科学的な研究が行われた．この科学的な研究が物理学の誕生に大きく関わった．ここでは，落下の性質についてみていく．

2.1　自由落下の特徴

　物が落下する現象は，物理学の誕生に関わった重要な現象である．落下現象を詳しく観察したことがあるだろうか．ありふれた現象なので詳しく観察したことはほとんどないのではないだろうか．落下現象を観察すると以下のことがわかる．

　手に持った物体を静かに離して落下させてみる．このように初速度が 0 の落下を**自由落下**という．図 2.1 は自由落下のストロボ写真である．つまり，時間を等間隔に区切った写真を重ね合せたものである．図 2.1 からわかるように，物体は時間が経つにつれて速くなっていく．このように，速度が時間とともに変化する運動を**加速度運動**という．落下が加速度運動であることは，16 世紀にイタリアの物理学者・天文学者ガリレオ・ガリレイ（Galileo Galilei, 1564-1642）によって，それまで誰も行っていなかった実験という手法を用いて突き止められた．ここで，**速度**とは単位時間あたりの位置の変化量であり[1]，時間 Δt [2]の間に位置が x_1 から x_2 に変化した場合の速度 v は

$$v = \frac{x_2 - x_1}{\Delta t} \tag{2.1}$$

図 2.1　自由落下のストロボ写真

---

[1] 正確には平均の速度という．一般に速度は無限小時間 dt での位置の変化量 dx で，微分 dx/dt で表す．

[2] Δ は差や小さい値を表す．

と表すことができる．速度は大きさと向きを持つ量である．つまり，速度はベクトル量である．国際単位系では，速度の単位は m/s となる．**加速度**とは単位時間あたりの速度の変化量である[3]．時間 Δt の間に速度が v_1 から v_2 に変化した場合の加速度 a は

$$a = \frac{v_2 - v_1}{\Delta t} \tag{2.2}$$

となる．加速度の単位は m/s^2 となる．加速度もベクトル量である．

▌ **問 2.1** 速度が一定の運動にはどのような特徴があるか．

古代ギリシャの哲学者アリストテレス（Aristotélēs, BC384-BC322）は，重い物は軽い物より速く落ちると唱えた．このことは 16 世紀にガリレオ・ガリレイが登場するまで信じられていた．ガリレオ・ガリレイは，ピサの斜塔から同じ大きさの鉄の球と木の球を同時に落下させる実験を行い，落下は質量と関係がないことを証明したといわれている．ただし，これは逸話であって実際にはこの実験は行っていなかったと考えられている．彼は別の実験を行って，落下と質量は無関係であるということを結論している．しかし我々は，落下と物体の質量とは関係があることを経験的に知っている．例えば，鳥の羽とハンマーを同時に落下させると，重いハンマーの方が先に地面に到達する．では，ガリレオ・ガリレイは間違っていたのだろうか．もちろん，ガリレオ・ガリレイは落下に空気が影響していることを知っていた．ガリレオ・ガリレイは，地球上での落下は真の落下と空気の影響が足し合わさった現象であると考え，真の落下と質量は関係ないと結論したのである．落下と質量が無関係であることは，1971 年に実証されている．1971 年，アポロ 15 号の乗組員が月面に降り立ち[4]，空気が存在しない月面で鳥の羽と鉄製のハンマーの落下実験を行っている．この実験で，鳥の羽とハンマーは同時に月面に到達することが示された．ガリレオ・ガリレイの考えは正しかったのである．地球上では空気が存在するために，落下する物体は空気抵抗を受ける．空気抵抗は，質量の小さい物体ほど大きく受け，十分に質量が大きい物体では無視することができるのである．空気抵抗については第 15 章で扱うことにする．

---

[3] 正確には平均の加速度という．一般に加速度は無限小時間 dt での速度の変化量 dv で，微分 dv/dt で表す．

[4] 初めて月面に降り立ったのは 1969 年のアポロ 11 号の乗組員である．

2.2　落下の加速度

　落下は加速度運動であることがわかったが，どれほどの加速度で落下するのだろうか．地球上での落下の加速度の実測値は，場所によって少々異なるがほぼ $9.8\,\mathrm{m/s^2}$ である．この加速度を**重力加速度**といい，通常 g で表す．重力加速度は低緯度になるにつれて値が小さくなる．北極・南極では $9.832\,\mathrm{m/s^2}$ で赤道上では $9.780\,\mathrm{m/s^2}$ である．日本では，北海道の稚内で $9.806\,\mathrm{m/s^2}$，沖縄県の石垣島で $9.790\,\mathrm{m/s^2}$ である．この違いは，極方向と赤道方向とでは地球の半径が異なることと，地球の自転による遠心力の大きさの違いが原因である．遠心力については第 6 章で詳しくみることにする．地球以外の天体での重力加速度をいくつかあげておく．太陽での重力加速度は，地球のおよそ 28 倍である．落下が速いことがわかる．月では地球のおよそ 1/6 で，ゆっくり落下する．火星では地球のおよそ 1/3 である．将来，人類が火星に移住するようになった場合，この小さい重力加速度は問題になると考えられる．

> 問 **2.2**　電子はかりは，物体に働く重力の大きさを測定して物体の質量を表示する．稚内で正確に計ることができる電子はかりは，石垣島でも正確に計ることができるか．（※物体に働く重力の大きさは物体の質量と重力加速度の積となる．）

2.3　落下の物理法則

　ガリレオ・ガリレイは落下の物理法則を実験から導き出している．自由落下の場合，落下速度を v，落下時間を t とすると，加速度の定義から

$$v = gt \tag{2.3}$$

となる．また，t 秒後の落下距離 d は，図 2.2 に示したグレーの部分の面積として求めることができる．図 2.2 のように時間に対する速度をグラフにしたものを v-t 図という．この図から自由落下の落下距離は

$$d = \frac{1}{2}gt^2 \tag{2.4}$$

となる[5]．

---

5) 一般に，到達距離は v-t 図の囲まれた部分の面積として積分法で求める．

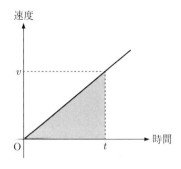

図 2.2　自由落下の v-t 図

問 2.3　物体を下向きの初速度 v_0 で落下させた場合の，t 秒後の落下速度と落下距離の式を，v-t 図を描いて求めよ．

問 2.4　月面と地球上で，同じ高さから自由落下を行う．月面での落下時間は地球上での落下時間のおよそ何倍になるか．

　落下は，地球の重力によって物体が引っぱられて起こる運動である．地球の重力の主な要因は，イギリスの物理学者・天文学者・数学者であるニュートン（Isaac Newton, 1642-1727）が 1665 年に発見した**万有引力**である．万有引力は**重力**ともよばれる．この力は物体どうしが引き合う力で，その大きさ F は，

$$F = G\frac{mM}{r^2} \tag{2.5}$$

となる．これを**万有引力の法則**という．ここで，G は万有引力定数で $G = 6.674 \times 10^{-11}$ m^3/kg·s^2，m と M は 2 つの物体の質量，r は 2 つの物体間の距離である．万有引力は，r が大きくなっても絶対に 0 にならないという特徴がある．つまり，我々と宇宙の彼方にある物体との間でも万有引力が働いていて，引き合っているのである．万有引力が 0 になる場合は，m または M が 0 の場合，つまり物体が存在しない場合である．物体が存在すれば必ず働くという意味で「万有」引力とよばれるのである．

　万有引力定数が非常に小さい値であることからわかるように，万有引力は非常に小さい力である．例えば，質量 1 kg の物体が 2 つあり，その間の距離が 1 m の場合，これら 2 つの物体間に働く万有引力の大きさは，式 (2.5) から 6.674×10^{-11} kg·m/s^2

となる．この力の大きさは，およそ 6.8×10^{-9} g の物体を持ち上げるときに必要になる力の大きさに相当する．地球の重力が，我々が感じることができる大きさの力であるのは，地球の質量がおよそ 6×10^{24} kg と非常に大きいからである．

問 2.5 体重 100 kg の 2 人が 1 m 離れている場合，2 人の間に働く万有引力は，何 g の物体を持ち上げる力の大きさに相当するか．

　ニュートンは，地球の重力で月が地球の周りを回っていると考えて，万有引力の法則を発見した．当時信じられていたアリストテレスの自然学では，地上の物体と天上の物体の運動は，それぞれ異なる原理が支配しているとされていた．ニュートンは，地上の物体にも天上の月にも同じ重力が働くことを示し，宇宙のすべての物体間には引力が働くという万有引力の法則を発見した．それまで信じられていたアリストテレスの考えを覆して，同一の運動法則が宇宙全体を支配していることを明らかにしたのである．これがニュートンの最大の功績なのである．

第 3 章

ロケットの推進力はなにか

ロケットは燃料を燃焼したガスを噴射して飛んでいく．燃焼したガスを噴射するとなぜロケットは推進力を獲得できるのだろうか．ここでは，力について，その性質や関連する物理法則をみていき，ロケットはどのように推進力を獲得するのか説明する．また，関連する物理現象についてもみていく．

3.1 力について

力とはなんだろうか．こう問われると答えに困ってしまうだろう．物理学では，以下のように定義される．

力とは物体の状態を変化させる働きである

ここで，状態とは運動状態や形状などである．例えば，ある速度で運動する物体に力を加えると速度が変化する．また，粘土のような物体に力を加えると変形する．

力は大きさと向きを持つベクトル量である．力の大きさの単位には通常，N（ニュートン）を用いる．N は日常では見かけない単位であるので，数値から力の大きさを感じ取ることは難しい．以下で 1 N は 102 g の物体に働く重力の大きさとほぼ同じであることがわかる．このことを知っていると，N 単位でも力の大きさをイメージすることができる．

身のまわりには様々な力が存在する．いくつかの力をみていこう．

3.1.1 重力

物体が地球から受ける引力を**重力**という．重力は鉛直下向き[1]に働く．質量 m の物体に働く重力の大きさは mg となる[2]．ここで g は重力加速度であり，地表近く

---

[1] 重力が働く方向の直線を鉛直線という．
[2] 重力の大きさが mg となることは次章で明らかになる．

では $g = 9.8\,\mathrm{m/s^2}$ となる．重力は物体のいたるところに働くが，物体の1点に重力が働いているとみなせる点がある．この点を**重心**という．

3.1.2 張力

　張力は，伸び縮みがないひもなどが引っぱる力である．例えば，図 3.1 のように，天井からおもりの付いたひもをつるすと，おもりに働く重力でひもは引っぱられる．このとき，ひもはおもりを上向きに引っぱっている．この力が張力である．また，ひもが天井を下向きに引っぱる力も張力である．

図 3.1　張力

3.1.3 弾性力

　弾性力は，変形したバネなどが元の状態に戻ろうとする力である．弾性力は張力に似ているが別の力である．バネの弾性力 F は，伸びの長さを x とすると

$$F = -kx \qquad (3.1)$$

となる．この関係を**フックの法則**という．式 (3.1) の右辺のマイナスは，弾性力の向きが伸びの向きと逆になることを表している．

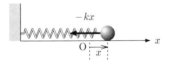

図 3.2　弾性力

3.1.4 摩擦力

　摩擦力は，お互いに接している物体をずらそうとするとき，それを妨げる向きに働く力である．図 3.3 のように，摩擦力は物体の接触面に働く．ここで，外力とは外部から加えられる力のことである．摩擦力については第 5 章で詳しく説明する．

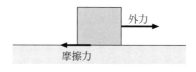

図 3.3　摩擦力

3.1.5　垂直抗力

　垂直抗力は，物体が面を押しているとき，面が物体を垂直に押し返す力である．面が物体を押すという不思議な力であるが，以下でこのような力が存在しなければならないことが明らかになる．

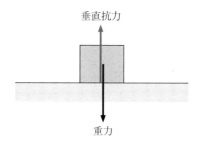

図 3.4　垂直抗力

3.2　力を合わせる

　力の性質のひとつに，力を合わせることができるという性質がある．物体にロープを付けて水平に引いたり，つり上げたりする場合，1人より2人で引く方が大きな力で引くことができる．力を合わせることを**力の合成**といい，合成した力を**合力**という．力はベクトル量なので，合力の計算は第1章でみたベクトルの足し算で行うことができる．

　1つの物体に働く2力 F_1 と F_2 が同一直線上に同じ向きになっている場合，合力 F は2力と同じ向きで，その大きさは2力の和 $F_1 + F_2$ となる（図3.5）．2力がお互いに逆向きであれば，合力の向きは2力のうち大きい方の力の向きとなり，その大きさは2力の差 $F_1 - F_2$ または $F_2 - F_1$ となる．合力の大きさが0の場合，2力はつり合っているという．物体が面を押して静止しているとき，物体に垂直抗力が

働くのは，重力とつり合う力が必要となるためである．もし面の上に置かれた物体に重力しか働いていなかったら，物体は面を突き破って重力の向きへ動かなければならない．

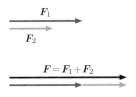

図 3.5 同一直線上の 2 力の合成

問 3.1 図 3.6 のように，中心に穴が空いている円形の磁石を机の上に 1 つ置き，同じ磁石を同じ極が対面するように浮かせる．上の磁石に働く力を図示せよ．ただし，支柱と磁石との間に力は働いていないものとする．

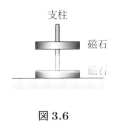

図 3.6

1 つの物体に働く 2 力が異なる直線上にある場合は，図 3.7 のように，2 力 F_1 と F_2 を 2 辺とする平行四辺形の対角線が合力 F となる．

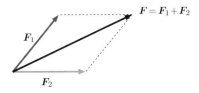

図 3.7 異なる直線上の 2 力の合成

以上のように力を合成することができるのである．3 つ以上の力を合成する場合は，2 力の合成を逐次的に繰り返せばよいのである．

力の合成とは逆に，ひとつの力をふたつ以上の力に分解することができる．これ

を力の分解といい，分解した力を**分力**という．力の分解のしかたは力の合成と違って無数に存在する．

問 **3.2** 　図 3.8 のようにキャリーバッグを引くとき斜め上向きに引く．キャリーバッグを前進させている力の大きさはどれだけか，図示せよ．

図 3.8　キャリーバッグを引く力

　力はこのように合成と分解ができる．速度などのベクトル量は，力と同様の合成と分解が可能である．

3.3　作用反作用の法則

　力の性質には，**作用反作用の法則**という物理法則も存在する．その内容は次のとおりである．

作用反作用の法則　物体に力を及ぼすと，その物体から同じ大きさで逆向きの力を受ける

作用反作用の法則は，ニュートンが整備した**運動の第 3 法則**である．力を及ぼすと仕返しをされるという法則である．

問 **3.3** 　2 人がそれぞれキャスター付きの椅子に座って向かい合っている．片方の人が相手を押すと，2 人はどのようになるか．

問 **3.4** 　水平面上に置かれた物体に働く重力を作用とすると，重力の反作用はどのような力であるか．

ロケットが地球の重力に打ち勝って飛び出すのは，作用反作用の法則で説明できる．ロケットは燃料を燃焼したガスを下向きに噴射させる．その反作用でロケットは推進することができるのである（図 3.9）．つまり，ロケットから噴射されたガスの仕返しが，ロケットの推進力になるのである．

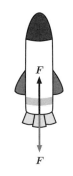

飛行機は，プロペラ機とジェット機があるが，プロペラ機もジェット機も空気を後方へ送り出すことによって飛ぶ．飛行機も作用反作用の法則によって推進力を得ているのである．ただし，飛行機は空気がないと飛ぶことができないが，ロケットは空気の有無に関わらず飛ぶことができるのである．

図 3.9　ロケットの推進力

作用反作用の法則で説明できる事例として，宇宙空間で綱引きをするとどうなるかという問題がある．この問題について考えてみよう．図 3.10 に示したように，綱を引くと作用反作用の法則によって，綱は，引いた人に対して，引いた力と同じ大きさで逆向きの力を及ぼす．これは地上でも宇宙空間でも変わりはない．しかし，宇宙空間では地上と異なって踏ん張ることができない．そのため，綱引きをしているふたりは，綱が及ぼした力によってその力の向きへ動き，衝突するのである．

図 3.10　宇宙空間で綱引き[3]

| **問 3.5**　図 3.6 の下の磁石に働く力を図示せよ．

第 4 章

力が働くとどうなるか

力とは「物体の状態を変化させる働き」であることを第 3 章でみた．では，力は運動をどのように変えるのだろうか．ここでは，これについて説明していく．また，落下以外の加速度運動についてもみていく．

4.1 ニュートンの運動方程式

物体に力が働くと，静止している物体は動きだす．動いている物体に力が働くと，物体は速くなったり遅くなったり，運動の方向が変わったりする．つまり，加速度が生じる．では，物体に働く力 F と加速度 a の間にはどのような関係があるだろうか．また，重い物体ほど動きにくいことを我々は経験的に知っている．したがって，物体に働く力と加速度の間には，質量 m も関係していることがわかる．ニュートンは，加速度，質量，力の関係を

$$ma = F \tag{4.1}$$

と表せることを発見した．これを**ニュートンの運動方程式**，または，**運動の第 2 法則**という．式 (4.1) からわかるように，物体に力が働くと，物体は力の向きに加速する．また，質量と加速度は反比例する．このことから，質量は，物体の動きにくさ，つまり加速のしにくさを表す量であることがわかる．力の大きさの単位 N は，ニュートンの運動方程式からわかるように，kg·m/s^2 を置き換えたものである．

> **問 4.1** 図 4.1 のように，L 字型パイプの中を水が流れている．水が曲がるとき，水はパイプにどのような向きの力を及ぼすか．

図 4.1　L字型パイプ中の水流

　ニュートンの運動方程式には重要な特徴がある．それは，ある時刻での物体の位置と速度[1]がわかっている場合，未来の位置と速度が完全に予言できるということである．つまり，未来の運動状態が完全に予言できるのである．ニュートンの運動方程式からは，力と物体の質量がわかっていれば加速度を求められることがわかる．加速度がわかれば，未来の速度を求めることができる．速度がわかれば，未来の位置も求めることができるのである．日食や月食がいつ起こるか正確に予測できるのは，ニュートンの運動方程式によって，未来における太陽の周りの地球と月の位置を完全に求めることができるためである．このように，ニュートンの運動方程式は未来の運動状態を完全に予言できるのである．しかし，ニュートンの運動方程式が使用できない場合がある．ひとつは，原子や素粒子などの運動である．もうひとつは，光の速度（約 30 万 km/s）に近い超高速の運動である．原子や素粒子などのミクロの世界は量子力学，超高速の運動は相対性理論で扱わなければならないのである．ミクロとは直接観測できない極微の大きさのことである[2]．

例題 4.1　一直線上を運動する質量 m の物体が，進行方向と同じ向きに力 $\boldsymbol{F}$ を受けている．このとき，現在の位置が x_0 で速度が v_0 である場合，時間 t 後の位置と速度を求めよ．

解　物体の進行方向と同じ向きの力 $\boldsymbol{F}$ の大きさは F となる．最初に，ニュートンの運動方程式から加速度 a が求まる．

$$a = \frac{F}{m} \tag{4.2}$$

---

[1] 正確には，速度に質量をかけた運動量という物理量である．
[2] ミクロの対義語はマクロである．つまり，マクロとは直接観測できる大きさを表す言葉である．

次に，加速度は単位時間あたりの速度の変化量なので，時間 t 後の速度 v が求まる．

$$v = v_0 + at \tag{4.3}$$

$$= v_0 + \frac{F}{m}t \tag{4.4}$$

次に，速度は単位時間あたりの位置の変化量なので，時間 t 後の位置 x が求まる．

$$x = x_0 + v_0t + \frac{1}{2}(v - v_0)t \tag{4.5}$$

$$= x_0 + v_0t + \frac{1}{2}\frac{F}{m}t^2 \tag{4.6}$$

このように，時間 t 後の速度と位置を予測できる．式 (4.5) は式 (4.3) の v-t 図から求めることができる．

問 4.2　物体 A と物体 B が 1 本のゴムひもで結ばれている．物体 A，物体 B の質量はそれぞれ 150 g，50 g である．図 4.2 のように，ゴムひもを伸ばし同時に放して落下させた場合，図 4.2 の 1 から 5 のどの位置で衝突するか．ただし，1 から 5 の間は等間隔である．（ヒント：ゴムひもを引く力の大きさを F，衝突までの時間を t として，加速度，速度，移動距離を A と B との比で求めるとよい．）

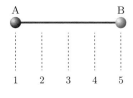

図 4.2

4.2　加速度運動

第 2 章で加速度運動のひとつである落下を扱った．ここでは，落下以外の代表的な加速度運動である回転と振動を扱う．

4.2.1 回転

回転する物体には，回転中心向きの力が物体に働いている．この力を**向心力**という（図4.3）．向心力の大きさ F は，

$$F = m\frac{v^2}{r} \tag{4.7}$$

である．ここで，m は回転体の質量，v は回転の速さ，r は回転半径である．向心力はどのような特徴を持っているだろうか．回転半径が一定である円運動を例にとって考えてみよう．ちなみに，回転の速さが一定の円運動を等速円運動という．向心力は質量に比例し，回転の速さの2乗に比例する．また，回転の速さとして単位時間あたりの角度の変化量である**角速度**[3] ω を用いると，向心力は

図4.3　回転速度と向心力

$$F = mr\omega^2 \tag{4.8}$$

と表すことができる．

問4.3　回転の速さ v と角速度 ω との関係を求めよ．

問4.4　回転半径は向心力とどのような関係があるか．

太陽系の惑星も回転運動をしている．この場合，惑星の軌道は楕円軌道となる．また，地球の周りを回っている月も楕円軌道をとっている．楕円とは，焦点とよばれる2つの点からの距離の和が一定になる点の集まりである．太陽は楕円の1つの焦点上に位置している（図4.4）．地球と月の関係もこれと同様である．

4.2.2 振動

ある量が1つの状態を中心として周期的に変動する現象を振動という．例えば，図4.5のように摩擦のない水平面にバネを置き，バネの一方の端を壁に固定し，もう一方の端に物体をつける．物体を水平に引っぱって離せば，物体はバネの自然長の位置を中心として振動を始める．物体の振動では，振動中心向きの力が物体に働く．この力を**復元力**という．このバネの例では，バネが元の状態に戻ろうとする弾性力が復元力

---

[3] 角度は弧度法を用いる．弧度法とは，半径1の円の円弧の長さで角度を表す方法で，単位は rad（ラジアン）である．

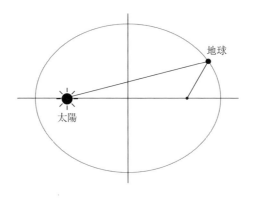

図 4.4　楕円軌道

になる．一般に，復元力の大きさは振動の両端で最も大きく，振動の中心では復元力の大きさは 0 となる．したがって，加速度も振動の両端で最も大きく，振動の中心で加速度は 0 となる．一方，速度は，振動の両端で 0 となり，振動の中心で最大となる．

　また，振り子の運動も振動である．振り子の復元力は，振り子が描く円弧に接する接線方向の重力の分力となる．

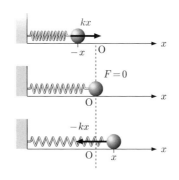

図 4.5　バネの復元力

問 4.5　振り子の復元力とおもりがひもを引く力はどのようになるか図示せよ．

問 4.6　宇宙空間で体重を測定する場合，どのように測定すればよいか．

問 4.7　飛距離 80.71 m を出したハンマー投げの選手の腕に働く力の大きさを求めよ．このときのハンマーは，地面から 45° 上方へ投げられ，飛行時間は 3.94 s であった．ただし，ハンマーの質量は 7.3 kg，ハンマーの長さは 1.2 m であり，選手の腕の長さを 0.7 m とする．

第5章

テーブルクロス引きを成功させるには？

　テーブルクロス引きは，食器などが乗っているテーブルクロスを，食器などが倒れたりテーブルから落下しないように引き抜く芸である．これを成功させるためには，テーブルクロスとその上に乗っている物体との間に働く摩擦力を制御して，慣性の法則を利用しなければならない．この章では，摩擦力と慣性の法則を説明し，どのようにテーブルクロスを引くとテーブルクロス引きが成功するか物理学的に考察する．

5.1　摩擦力

5.1.1　摩擦力の性質

　お互いに接している物体をずらすとき，摩擦力が生じる．図5.1のように平面に置かれた物体に外力を及ぼしても，物体はなかなか動かないことがある．これは，物体に外力と逆向きの摩擦力が生じて，外力と摩擦力がつり合っているためである．このとき，物体の接触面に働く摩擦力を**静止摩擦力**という．静止摩擦力の大きさは物体に働く外力の大きさと同じである．また，図5.1の場合，作用反作用の法則によって，平面上には右向きの静止摩擦力が働く．

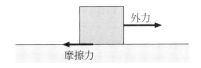

図5.1　摩擦力

　物体に及ぼす外力を大きくしていくと，物体はある時点で急に動き出す．物体が動き出す直前の静止摩擦力の大きさを**最大摩擦力**[1]という．最大摩擦力の大きさ

---

[1] 最大静止摩擦力ともいう．

F_{max} は，物体に働く垂直抗力の大きさを N とすると

$$F_{\mathrm{max}} = \mu N \tag{5.1}$$

となる．係数 μ は**静止摩擦係数**とよばれ，接している面の状態で決まる数である．動いている物体には抵抗力を感じる．これは**動摩擦力**という力が物体の接触面に働いているためである．動摩擦力の大きさ F も最大摩擦と同様に

$$F = \mu' N \tag{5.2}$$

と表すことができる．ここで μ' は**動摩擦係数**で，μ 同様接している面の状態で決まる数であるが，常に $\mu > \mu'$ である．つまり，動摩擦力は最大摩擦力よりも小さいのである (図 5.2)．

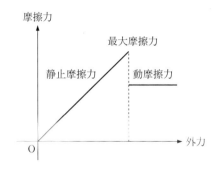

図 5.2 摩擦力の大きさ

問 5.1 動摩擦力は物体に働く重力に比例するように見えるが，垂直抗力に比例する．このことを示すには，どのようにすればよいか．

5.1.2 摩擦力の利用と制御

摩擦力は一見邪魔で厄介な力のように見えるが，摩擦力がなければ我々は生活していけない．道路を歩くとき，靴の裏と路面の間に摩擦力がなければ，つるつる滑って歩けない．しかも転んでしまったらどこまでも滑り続けてしまう．自動車のタイヤの場合も同様で，摩擦力がなければスリップするだけでその場から動くことができない．結んだ靴紐も摩擦力がなければすぐにほどけてしまう．そもそも摩擦力がなければ紐も結ぶことができない．このように摩擦力は必要な力なのである．

　では，我々の日常ではどのような場合に，どの摩擦力を利用しているのだろうか．道路を歩く場合は静止摩擦力を利用している．路面に足を下ろしたとき靴の裏が，路面に対して動かない状態になっていることがわかる．もし動摩擦力が働いているならば，靴の裏と路面は接したままずれていくので，滑っている状態になる．同様に，静止摩擦力を利用している例としては，自動車の走行や結んだ紐などがあげられる．一方，動摩擦力を利用したものとしては，自動車や自転車などのブレーキがあげられる．我々が容易に目にすることができる自転車のブレーキは，タイヤのリムをブレーキパッドで挟んで車輪を静止させるしくみになっている．リムをブレーキパッドで挟んでタイヤの回転を止めるので，動摩擦力を利用していることがわかる．

> **問 5.2**　高速で走行している自動車を急停止させる場合，短い距離で停止させるには，どのようにブレーキをかければよいか．物理学的な理由とともに答えよ．

5.2　慣性の法則

　カーリングという氷上のスポーツがある．約 20 kg のストーンという物体を氷面上で滑らせて，40 m 先のハウスとよばれる的の内部に止めるスポーツである．氷面は摩擦が小さいので，ストーンを 40 m ほど滑らせて停止させることができる．しかし，教室のような床の上でカーリングのストーンを投じた場合，摩擦力が大きいためにストーンはすぐに止まってしまう．

　カーリングで，氷面とストーンとの間の摩擦力がまったくなかったら，投じたストーンはどのように運動するだろうか．ただし，氷面は無限に広く，空気抵抗はまったくないものとする．ニュートンの運動方程式を考えれば，氷面の動摩擦力が小さいほどストーンの減速は緩やかで，ストーンの到達距離は伸びることがわかる．したがって，動摩擦力が 0 ならばストーンはまったく減速しなくなり，ストーンはどこまでも等速度で運動することがわかる．このことから，物体の運動に関する物理法則のひとつである，**慣性の法則**が導き出される．

慣性の法則　静止または等速度運動する物体は，外力の影響を受けない限りその運動状態を持続する

慣性の法則は，ニュートンが整備した**運動の第1法則**である．

　電車に乗っているとき，電車内でジャンプしたらどこに着地するかと考えたことがあるだろうか．ジャンプ中に電車が先に進むので，ジャンプ前にいた場所より後方に着地するだろうと考える人もいるだろう．等速度で走行している電車内でジャンプするとどこに着地するのか考えてみよう．

　等速度で水平に走行している電車に乗っているとき，ジャンプしようとする人も電車と同じ速度で移動している．ジャンプしたとき，ジャンプした人に働いている力は重力だけである．重力は，電車の進行方向の運動状態には影響しない．そのため慣性の法則によって，ジャンプ中の人は電車と同じ速度を維持するのである．したがって，等速度で走行する電車内でジャンプすると，ジャンプ前の場所に着地することがわかる．電車に乗っている人がこのジャンプを観察すると，地面の上でジャンプしているのとまったく同じに見えるのである．

図5.3　一定速度の電車内でジャンプ

　このことから，等速度運動している状態と静止状態とは区別できないことがわかる．別の言い方をすれば，等速度運動の状態でも物理法則は静止状態とまったく同じであると言うことができる．

問5.3　地球の自転が突然止まったらなにが起こるか．

問5.4　ロケットを赤道に近い場所から打ち上げると効率がよい．なぜか．

5.3　テーブルクロス引き

　テーブルクロス引きでは，テーブルクロスの上に乗っている物体が，テーブルクロスを引き抜いたあとに同じ場所に静止する．これは，物体が慣性の法則で静止状

態を持続するためである．したがって，物体に水平方向の力が働かないようにテーブルクロスを引かなければならない．しかし，どうしても物体にはテーブルクロスとの間に摩擦力が働いてしまう．では，テーブルクロス引きを成功させるためには，どのようにテーブルクロスを引けばいいだろうか．

もし，テーブルクロスを引き抜くときに，物体に短時間だけ小さい摩擦力が働けば慣性の法則が近似的に成り立ち，テーブルクロス引きは成功すると考えられる．この条件を満たす摩擦力としては動摩擦力が適当である．静止摩擦力では，テーブルクロスを引いたとき，テーブルクロスと上に乗っている物体が一緒に動くことになるので不適当である．したがって，短時間だけ動摩擦力が働くようにテーブルクロスを引けばよいことになる．そのためには，最大摩擦力を超える大きな力でテーブルクロスを引けばよいことがわかる．大きな力で引くということは，テーブルクロスを大きな加速度で動かすということである．つまり，テーブルクロスを素速く引けば，テーブルクロス引きは成功するのである．

問 5.5 テーブルクロス引きを行う場合，テーブルクロスの上に乗せる物体は，質量の大きい物体の方がよいだろうか．それとも質量の小さい物体の方がよいだろうか．物理学的な理由とともに答えよ．

第6章

基準を変えるとどう見えるか

なにかを観測する場合，観測基準を決める必要がある．観測基準が異なると観測結果も異なってしまう．ここでは観測基準として，等速度運動する基準と加速度運動する基準について説明する．加速度運動する基準については，直線的に運動する基準と回転運動する基準をみていく．

6.1　基準と速度

道路には制限速度の標識がある．この速度は地面に静止した基準での値である．速度 v_0 で運動する基準で測定した速度 v' は，地面に静止した基準で測定した速度 v と異なる結果となる．速度 v' と v との間には

$$v' = v - v_0 \tag{6.1}$$

の関係がある．v' を**相対速度**という．ただし，v と v_0 は同じ基準での速度でなければならない．このように観測基準を変えると，物理量が変わったり，運動の様子も変わってしまう．

> **問 6.1**　地面に打ってある，杭から見て加速度 a で走り出した車がある．この車から杭を見ると，杭はどのように見えるか．

6.2　等速度で走行する電車内でジャンプ

前章では，等速度で水平に走行する電車内でジャンプするとどうなるかという問題を，電車内に静止した基準で見た．電車内で観測すると，地面の上でジャンプするのと変わりなく，ジャンプ前の場所に着地した．では，その様子を地面に静止する基準で観測すると，どのように見えるだろうか．

ジャンプ中の人は，慣性の法則によって電車と同じ速度を維持して水平方向に運

動する．しかし，鉛直方向の運動は重力による加速度運動となる．この2つの運動を組み合わせると，地面に静止した基準では，図6.1のように，放物線を描いてジャンプ前の場所に着地するところを見ることができるのである．

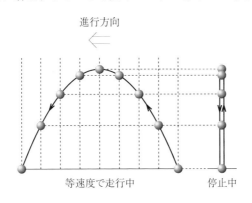

進行方向 ⇐

等速度で走行中　　　　停止中

図 6.1　地面に静止した基準で見た電車内でのジャンプ

6.3　動き出した電車内での物体の運動

　電車が動き出すと，電車の床の上に置いていた荷物が，進行方向と逆向きに動くことがある．静止している物体が動き出すということは，物体は進行方向と逆向きに力を受けたということが慣性の法則からわかる．では，この力はどのような力なのだろうか．

　ここで，電車の床と物体との間に摩擦がまったくないものと仮定しよう．地面に静止した基準で電車内の物体を見ると，物体はどのような運動をするだろうか．物体には水平方向になにも力が働いていない．したがって慣性の法則によって，電車が動き出しても物体は同じ位置に静止したままになる．つまり，電車だけが進行して行く様子が観測できるのである．これを電車内に静止した基準で見ると，物体には電車の進行方向と逆向きに力が働いて，物体は動いているように見えるのである．電車内に静止した基準で観測した力は，実際の力ではなく見かけの力なのである．この力を**慣性力**という．慣性力は，加速度運動する基準で観測できる見かけの力で，基準の加速度と逆向きの力である．慣性力の大きさは，物体の質量と基準の加速度の積になる．このように，加速度運動する基準では慣性の法則は成り立たな

い．このような基準を**非慣性系**という．また，等速度運動する基準は**慣性系**とよばれ，慣性の法則が成り立つのである．ある慣性系に対して等速度運動する基準も慣性系となる．

> **問 6.2**　等速度で水平に走行している電車が減速して停止した．電車の床の上に置いた物体の運動は，電車内に静止した基準で見るとどう見えるか，また，地面に静止した基準で見るとどう見えるか．ただし，電車の床と物体の間に摩擦はないものとする．
>
> **問 6.3**　図 6.2 のように水が入ったペットボトルの中に，キャップに糸でつないだ発砲スチロールを浮かせる．図 6.2 の状態で水平にペットボトルを急発進させたり，急停止させたりすると，発砲スチロールはどのように動くか．

図 6.2

> **問 6.4**　1 階から最上階まで途中停止せずに上昇する，エレベーターの中で体重を計るとどうなるか．
>
> 問 6.5　エレベーターのワイヤーが切れてエレベーターが自由落下した．そのエレベーターの中で体重を計ると体重はいくらになるか．

6.4　回転運動する基準

　第 4 章でみたように回転は加速度運動である．したがって，回転する基準は非慣性系である．

6.4.1　回転体と一緒に回転する基準で観測する

　回転体を一緒に回転しながら観測すると，回転体は静止しているように見える．回転体には向心力しか働いていないはずである．しかし，静止しているように見えるということは，向心力と逆向きの力が働いていて，これら 2 力がつり合っていることになる．もちろん，そのような力は働いていない．つまり，この向心力と逆向きの力は慣性力なのである．この慣性力を**遠心力**という．遠心力は回転中心から遠ざかる向きへ働き，その大きさ F は向心力と同じで

$$F = m\frac{v^2}{r} = mr\omega^2 \tag{6.2}$$

となる．ここで，m は回転体の質量，v は回転の速さ，r は回転半径，ω は角速度である．式 (6.2) より，遠心力の大きさは質量と回転の速さの 2 乗（または角速度の 2 乗）に比例することがわかる．2005 年に発生した JR 福知山線脱線事故は，死者 107 名，負傷者 562 名を出した大事故である．これは，回転半径が小さなカーブを制限速度を大きく超過して進行したため，大きな遠心力が生じたことによって起こった事故である．

　地球は自転しているので，地球上の物体や我々にも遠心力が働いている．地球上での遠心力の大きさと向きは緯度に依存する．緯度 θ の位置では，地球の中心とその位置を通る直線から角度 θ だけ赤道方向へずれた斜め上向きに働く．遠心力の大きさは，低緯度で大きく高緯度で小さくなる．したがって，遠心力の大きさは，赤道上で最大で極では 0 となる．第 2 章で触れたように，重力加速度の実測値は重力と地球の自転による遠心力の影響が合わさった値となる．それゆえ，重力加速度の実測値は，赤道上で最小で極では最大となるのである．

▌ **問 6.6** 国際宇宙ステーション内で人や物が浮かんでいるのはなぜか．

6.4.2　運動する物体を回転する基準で観測する

　一直線上を運動する物体を，回転する基準で観測するとどのように見えるだろうか．物体が曲がって動く様子を観測できる．曲がって見えるということは，物体にはなんらかの力が働いたということである．回転する基準は非慣性系であるので，物体の運動方向を曲げている力は慣性力なのである．この慣性力は**コリオリの力**とよばれる．コリオリの力は回転の向きと物体の運動の向きに関係する．図 6.3 に示すように，基準の回転が反時計回りの場合，コリオリの力は，基準の回転軸に垂直で，物体の運動の向きに対して垂直右向きに働く．基準の回転が時計回りの場合は，反時計回りの場合と逆向きにコリオリの力が働く．コリオリの力の大きさ F は，観測基準の角速度を ω，運動する質量 m の物体の速さを v とすると

$$F = 2m\omega v \tag{6.3}$$

図 6.3　コリオリの力

となる．この式からわかるように，静止する物体にはコリオリの力は働かないのである．

　地球は自転しているので，地球上でもコリオリの力が働く．しかし，その大きさは小さいため，小さな規模の運動などではコリオリの力は無視できる．したがって，小規模の運動の場合は，地球上は慣性系とみなすことができるのである．大規模な運動では，コリオリの力は無視できなくなる．例えば，台風は大規模な運動であるので，台風の中心に吹き込む風に働くコリオリの力は無視できない．台風が渦を巻いているのは，コリオリの力のためである．北半球では，北極の上空から見ると自転は反時計回りになるので，台風の目に吹き込む風の向きに対して垂直右向きにコリオリの力が働く．そのため，北半球での台風は反時計回りの渦になる．シンクに水を溜めて流すと渦を巻いて流れることがあるが，これはコリオリの力によるものではない．シンクの形状などに原因がある．

> **問 6.7**　鉛直方向へまっすぐに掘られた深い井戸に石を自由落下させた．このとき，石はどのように落下するか．
>
> **問 6.8**　問 6.7 がなぜそうなるか，慣性の法則を用いて説明せよ．
>
> **問 6.9**　南半球の台風はどのような渦を巻くか説明せよ．

　1851 年にフーコー（Jean Bernard Léon Foucault, 1819-1868）は，地球が自転していることを，大きな振り子を用いて示した．フーコーが用いた振り子は，長さが 67 m でおもりの質量は 28 kg であった．振り子を長時間振るとコリオリの力に

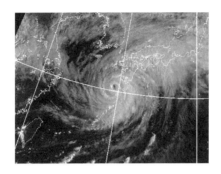

図 6.4 北半球での台風の渦[1]

よって振動面が回転していく．このような振り子を**フーコーの振り子**という．北半球では，振動面は時計回りに回転していく．そして，緯度 θ での1周に要する時間 T (h) は

$$T = \frac{24}{\sin\theta} \tag{6.4}$$

となる．したがって，1周に要する時間は，パリでは約 32 h，名古屋では約 42 h，北極・南極では 24 h となる．また，赤道上では 1 周に要する時間は無限大になる．つまり，赤道上では振動面は回転しないのである．

第7章

ジェットコースターのコースを
設計するには？

　ジェットコースターのコースは，エネルギーに関する物理法則を用いて設計していく．ここでは，エネルギーという物理量，それに関する物理法則について説明する．そして，エネルギーに関する物理法則を使って，ジェットコースターのコースを設計してみる．

7.1　エネルギーと仕事

　エネルギーという言葉は日常でよく使われる言葉であるが，この言葉は19世紀初め頃に生まれた造語である．また，日常と物理学ではほぼ同じ意味で用いられる．その意味は，「仕事をする能力」である．しかし，「仕事」の意味は日常と物理学では異なる．物理学においては，物体に力が働いて物体が力の向きへ動いたとき，力は**仕事**をしたという．仕事の実例としては，壁に釘を打つことがあげられる．壁に釘を打つ場合，釘にかなづちで力を加えると，釘は壁にめり込んでいく．つまり，力の向きに釘は移動する．その他，水力発電も仕事の例にあげられる．水力発電では，高いところから落下させた水を発電機のタービンに当てて，タービンを回転させる．これらの仕事はエネルギーを使って行われるのである．

　物体に大きさ F の力が働き，力の向きに距離 s だけ動いたとき，力がした仕事 W は

$$W = Fs \tag{7.1}$$

となる．したがって，この仕事をするには同量のエネルギーが必要になる．仕事とエネルギーの単位は同じであり，上式から N·m となることがわかるが，これを J（ジュール）として用いる．また，単位時間にする仕事を**仕事率**といい，単位は W

（ワット）を用いる．この定義からわかるように，W は J/s と同じである．

7.2 力学的エネルギーとその物理法則

高さ h からの自由落下を考えよう．ただし，落下する物体の質量を m とし，空気抵抗は無視できるものとする．落下は重力がする仕事なので，高さ h にある物体はエネルギーを持っていることがわかる．そのエネルギーの大きさは，質量 m の物体に働く重力 mg によって h だけ移動する仕事と同じになる．したがって，高さ h にある質量 m の物体が持つエネルギー V は

$$V = mgh \tag{7.2}$$

となる．このように，高さで決まるエネルギーを**重力による位置エネルギー**という．高さの原点は任意に設定することができる．一般に，位置で決まるエネルギーを**位置エネルギー**という．位置エネルギーはいくつか形態があり，弾性力による位置エネルギーや電気の世界での位置エネルギーなどがある．

運動する物体もエネルギーを持つ．運動する物体はなにかに衝突すると仕事をする．かなづちで壁に釘を打つ場合がその例である．このように，運動する物体が持つエネルギーを**運動エネルギー**という．速さ v で運動する質量 m の物体が持つ運動エネルギー K は

$$K = \frac{1}{2}mv^2 \tag{7.3}$$

となる．

> **問 7.1** 静止する質量 m の物体に大きさ F の力が仕事をした．物体の速さが v になったとき，運動エネルギーが $\frac{1}{2}mv^2$ になることを示せ．

自由落下では，時間が経過するにつれて重力による位置エネルギーは減少し，運動エネルギーは増加する．重力による位置エネルギーの減少分は，落下という仕事で運動エネルギーに変換されるのである．したがって，重力による位置エネルギーと運動エネルギーの和である**力学的エネルギー**は，落下中は一定の値になっているのである．これは，**力学的エネルギー保存則**が成り立っているためである．力学的エネルギー保存則は次のような物理法則である．

力学的エネルギー保存則　摩擦や空気抵抗がなければ，力学的エネルギーは保存する

摩擦や空気抵抗がある場合は，力学的エネルギーの一部が熱に変わって散逸し，力学的エネルギーは減ってしまう．

問 7.2　空気抵抗を無視できる自由落下では，力学的エネルギー保存則が成り立つことを示せ．

7.3　ジェットコースターのコースの設計

　ジェットコースターは様々なタイプがある．スタンダードなジェットコースターは，スタート地点から最も高いところへ車両を引き上げ，その後はまったく動力なしで走行する．最も高いところでの重力による位置エネルギーを運動エネルギーへ変換しながら，またその逆の変換をしながら走行するのである．このようなジェットコースターのコースの設計は，力学的エネルギー保存則を用いて行われる．山梨県の富士急ハイランドには FUJIYAMA というジェットコースターがある．最大落差 70 m をドリると，最高速度 130 km/h になると富士急ハイランドのウェブページに掲載されている[1]．これは力学的エネルギー保存則によって導き出されているのである．

　実際に，FUJIYAMA の最高速度を力学的エネルギー保存則から求めてみよう．ただし，摩擦や空気抵抗はなく，最も高いところでの車両の速さは 0 としておく．最も低い地点を高さ 0，最も高い地点の高さを h とする（図 7.1）．また，ジェットコースターの車両の質量を m，最も低い地点での速さを v，重力加速度を g とする．最も高い地点と最も低い地点での力学的エネルギーはそれぞれ，mgh，$\frac{1}{2}mv^2$ となり，力学的エネルギー保存則から

$$mgh = \frac{1}{2}mv^2 \tag{7.4}$$

となる．式 (7.4) から v を求めると，

---

[1] 2018 年現在，https://www.fujiq.jp/attraction/fujiyama.html

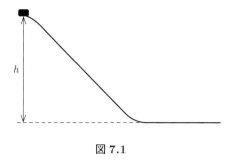

図 7.1

$$v = \sqrt{2gh} \tag{7.5}$$

$$= \sqrt{2 \times 9.8\,(\mathrm{m/s}^2) \times 70\,(\mathrm{m})}$$

$$\fallingdotseq 37.0\,(\mathrm{m/s})$$

$$= 133.2\,(\mathrm{km/h})$$

となる．富士急ハイランドのウェブページに掲載されている速度と一致する結果が得られる．式 (7.5) において v が m に依存していないのは，摩擦や空気抵抗がないものとしたためである．

問 7.3　上述のジェットコースターのコースに，図 7.2 のように一回転できるループを設置したい．ループの半径はどのようにとればよいか．ただし，ループの最下端はコースの最も低い地点にあるものとする．

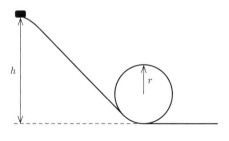

図 7.2

7.4　エネルギー保存則

　エネルギーには様々な形態がある．前述の力学的エネルギー，位置エネルギー，運動エネルギーのほか，電気エネルギー，光エネルギー，熱エネルギーなど様々な形態がある．落下時の重力による位置エネルギーから運動エネルギーへの変換と同様に，エネルギー形態は互いに変換することができるのである．この変換は，仕事によって変換することができる．例えば，火力発電では，熱エネルギーによって高圧の蒸気を作り，それを発電機のタービンに当てて発電機を回す．その結果，電気エネルギーを得ることができる．つまり，熱エネルギーで発電機を回すという仕事をして，熱エネルギーを電気エネルギーへ変換しているのである．

　空気抵抗がない自由落下では，力学的エネルギー保存則は完全に成り立つ．しかし，物体が地面に到達した時，力学的エネルギーは0になる．物体が持っていた力学的エネルギーは，音や熱の発生に費やされる．また，場合によっては物体が地面に穴を空けたり，物体が変形したり壊れたりすることもあるが，これらにも力学的エネルギーが費やされてしまうのである．それらに費やしたエネルギーを全て足し合わせると，最初に持っていたエネルギーと同じ値になる．つまり，エネルギーの形態が変換されてもその量は変わらず，エネルギーが減ったり増えたりすることは絶対にないのである．この物理法則は**エネルギー保存則**といい，次のように表現される．

エネルギー保存則　外部とのエネルギーのやりとりがない限り，エネルギーの総和は保存する

日常では，エネルギーを消費したという言葉をよく使うが，消費したエネルギーは消失してしまうわけではない．消失したように見えるだけであって，その分だけ他のエネルギー形態が増加しているのである．

第 8 章

サーカスの安全ネットはなぜ安全か

サーカスでは高いところから安全ネットの上に飛び降りることがある．ネットの上へ落ちても，体はダメージを受けることはない．なぜだろうか．これは，運動の勢いを表す物理量である運動量によって説明することができる．ここでは，運動量と力積という物理量，運動量に関する物理法則，また，それらが関係する現象について説明する．

8.1 運動量と力積

運動の勢いを表す物理量として運動量がある．**運動量 p** は，運動する物体の質量 m と速度 v の積

$$p = mv \tag{8.1}$$

となるベクトル量である．

物体の速度が v_1 から v_2 に変化した運動を考えよう．速度が変化したので，このとき力が働いた．この力を F とし，力が働いた時間を Δt とすると，運動量の変化量は，

$$mv_2 - mv_1 = F\Delta t \tag{8.2}$$

と表すことができる．右辺の $F\Delta t$ は**力積**という物理量である．

問 8.1 ニュートンの運動方程式から式 (8.2) を導出せよ.

問 8.2 108 km/h の速さで水平に飛んできた質量 0.15 kg のボールをバットで打ち，ボールが来た方向に 108 km/h の速さで打ち返した．バットとボールの接触時間が 0.0010 s のとき，バットがボールに加えた力の大きさを求めよ．

サーカスのネットが安全である理由は，式 (8.2) から説明できる．ネットの上に落ちるとネットは伸びる．その間，体はネットから力を受ける．力積の値が同じで

あれば，ネットから力を受ける時間が長いほど，その力の大きさは小さくて済むことになる．このため，ネットの上に落ちても体が受けるダメージはなく，安全なのである．コンクリートの上に落ちた場合は，コンクリートはほとんど伸びないので，力が働く時間は極短時間となる．そのため，コンクリートから体が受ける力は非常に大きくなり，体が受けるダメージは非常に大きくなるのである．

8.2 運動量保存則

運動量には**運動量保存則**という次のような物理法則がある．

運動量保存則 外力の影響がない限り，運動量の総和は保存する

運動量はベクトル量なので，運動量の総和の大きさと向きが保存されることになる．

運動量保存則が関係する物理現象として，ライフル銃から弾丸が発射されると，ライフル銃は弾丸と逆向きに動くという例がある．弾丸を発射する前のライフル銃の運動量を0とする．弾丸を発射すると弾丸は運動量を持つ．運動量保存則より，弾丸の発射後も運動量の総和は0であるので，ライフル銃は弾丸の運動量と同じ大きさで逆向きの運動量を持つためである．

ビリヤードでも運動量保存則が成り立っている．図 8.1 のように，静止している黒球に白球が衝突して黒球が斜め方向に転がると，白球は黒球とは異なる方向に転がる．これは，衝突後の2つの球の運動量を合成した運動量が，衝突前の白球の運動量と等しくならなければならないためである．そのため，衝突後に，白球が静止して黒球が斜め方向へ転がったり，2つの球が同じ斜め方向へ転がることは，絶対

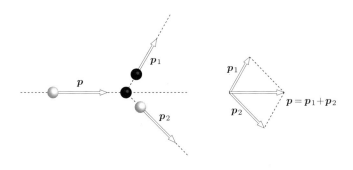

図 8.1 ビリヤードでの運動量保存

にないのである.

　ここで，上述のライフル銃の現象は，作用反作用の法則で説明できることに気づいたであろう．作用反作用の法則で説明できる現象は，運動量保存則でも説明できるのである．したがって，第3章で扱ったロケットの推進力も運動量保存則で説明することができる．これは，運動量保存則を導く際に作用反作用の法則を用いるためである．運動量保存則と作用反作用の法則は密接な関係があるのである．

問 8.3　速度 v_1 で運動する質量 m_1 の物体と速度 v_2 で運動する質量 m_2 の物体の衝突を用いて，運動量保存則を導出せよ．

問 8.4　一直線上に 10 円玉が数個接している．そこへ同一直線上で別の 10 円玉が衝突するとどうなるか．

問 8.5　ロケットの推進力はなにかという問題を，運動量を用いて説明せよ．

第9章

フィギュアスケートのスピンの速さ

　フィギュアスケートのスピンは，腕を伸ばしているとゆっくり回転し，腕を縮めると回転は速くなる．なぜだろうか．これを説明するためには，角運動量という物理量と角運動量保存則が必要となる．ここでは，角運動量と角運動量保存則を説明し，フィギュアスケートのスピンのなぞを解いてみる．また，角運動量保存則に関係する現象もいくつかみていく．

9.1　力のモーメントと角運動量

　力を加えると，運動の勢いを変えることができ，その効果は力のみで表すことができる．しかし，物体の回転の勢いを変える効果は力のみでは表すことができない．その効果は，力が働く場所によって変わってくるのである．例えば，ドアを押して開ける場合，ドアの回転軸から遠いところでは小さな力を加えるだけでよい．しかし，ドアの回転軸に近いところでは大きな力が必要になる．つまり，回転の勢いの効果は力だけではなく，回転半径にも依存するのである．そのため，物体の回転の勢いを変える効果は，力と回転半径に依存した**力のモーメント**という物理量を用いなければならないのである．力のモーメントはベクトル量であり，その大きさ N は，回転半径を r，力の大きさを F とすると

$$N = rF \tag{9.1}$$

となる．力のモーメントの向きは，その回転で右ネジが進む向きと定義される（図9.1）．

図 9.1　右ネジ

　回転の勢いを表す物理量を**角運動量**という．角運動量はベクトル量であり，その大きさ L は，回転半径を r，回転体の質量を m，回転の速さを v とすると

$$L = rmv \tag{9.2}$$

と表せる．角運動量の向きも力のモーメント同様，回転で右ネジが進む向きと定義される．以上のように，力のモーメントと角運動量の大きさはそれぞれ力と運動量に回転半径をかけたかたちになっている．

▌ **問 9.1**　角運動量の時間的変化が力のモーメントになることを示せ．

9.2　角運動量保存則

　角運動量には**角運動量保存則**という，次のような物理法則がある．

角運動量保存則　外力のモーメントの影響がない限り，角運動量の総和は保存する

角運動量はベクトル量なので，角運動量の総和の大きさと向きを保存する．角運動量保存則が関係する例は，身近に様々存在する．以下でその例をみていこう．

　フィギュアスケートのスピンでは，腕を伸ばして回転している場合はゆっくり回転するが，腕を縮めると回転は速くなる．スピン中は外から加わる力のモーメントは 0 であるので，角運動量は保存する．そのため，腕を伸ばしている場合，つまり回転半径が大きい場合はゆっくり回転する．しかし，腕を縮めて回転半径を小さくすると，回転は速くなるのである．

　回転しているコマの軸の方向が一定になることも，角運動量保存則から説明することができる．図 9.2 のように，回転しているコマには，いたるところに重力が働いているため，重力のモーメントが働いている．しかし，コマの形は軸を中心に回転対称となっているので，重力のモーメントの総和が 0 になっている．そのため，角運動量保存則が成り立ち，軸の方向が変化しないのである．コマが変形して回転対称でない場合は，重力のモーメントの総和は 0 にならない．そのため，回転対称でないコマの場合，軸の方向は一定にはならないのである．

▌ **問 9.2**　銃から発射される弾丸は，進行方向が軸となる回転をさせている．なぜか．

　もうひとつ角運動量保存則で説明できる事例をあげておこう．それは，ドラえ

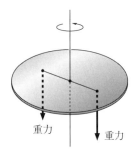

重力   重力

図 9.2　コマ

もんのタケコプターである．ドラえもんは，タケコプターで飛んでいるとき，一定
の方向を向いたままでいられる．しかし，角運動量保存則を考えればこれは不可能
であることがわかる．タケコプターが回転する前の角運動量は 0 である．タケコプ
ターの回転中に外から受ける力のモーメントは 0 であるので，タケコプターの回転
中は角運動量保存則が成り立つ．つまり，タケコプターで飛んでいるときの角運動
量は 0 となる．しかし，タケコプターは回転しているので角運動量は 0 ではない．
角運動量の総和が 0 になるためには，ドラえもんの体自体がタケコプターと逆向き
の回転をしなければならないのである．同様の理由で，ヘリコプターには必ずプロ
ペラが 2 つ付いている（図 9.3）．大型のヘリコプターには前方と後方にひとつずつ
プロペラがあり，一方のプロペラは他方の逆向きに回転して角運動量の総和を 0 に
するようになっているのである．小型のヘリコプターは後方のプロペラが縦につい
ているが，2 つのプロペラで角運動量の総和を 0 にしているのである．

大型機

小型機

図 9.3　ヘリコプター

問 9.3　小型のヘリコプターはどのように機体の回転を抑えているか説明せよ．

第 10 章

空の色

　空の色は，日中は青色で明け方や夕方は赤色であったりする．空に浮かぶ雲の色は白かったり黒かったりする．また，虹は 7 色の色を呈する．これらの色はすべて光の物理的な性質によるものである．ここでは光の性質を説明し，なぜ空は多彩な色を呈するか説明する．

10.1　光について

　光は波動である．波動とは，媒質が振動を伝える現象である．媒質とは，振動などを伝える物質のことである．ただし，光の伝播には媒質は必要ない．光はなにも物質がない空間でも伝わるのである．波動には横波と縦波の 2 種類があるが，光は横波である．横波は波動の進行方向に垂直な方向へ振動する波動である（図 10.1）．縦波については第 12 章で扱う．

図 10.1　横波

　波動を表現するためには，振幅，波長，振動数などの量を用いる．**振幅**は波動の変位の最大値である．**波長**は 1 周期分の波動の長さである．**振動数**は 1 秒間の振動回数であり，単位は Hz（ヘルツ）を用いる．波長 λ と振動数 f との間には，波動が伝わる速さを v とすると

$$\lambda = \frac{v}{f} \tag{10.1}$$

という関係が成り立つ．光の速度は**光速**とよばれ，真空中では約 30 万 km/s であ

る[1]．この速度はこの宇宙での最高速度であり，これを上回る速度は存在しない．また，どのような観測基準でも光速の値は一定になるという特徴を持つ[2]．

　光の色は波長の違いによるものである．我々に見える光は**可視光線**とよばれ，その波長はおよそ 380 nm から 800 nm である[3]．この範囲の光の色は，短波長側から紫，青，緑，黄，赤となっている．空の色は太陽光によるものであるが，太陽光はすべての色の光が混ざった光である．すべての色の光が混ざった光を**白色光**という

10.2　青空，朝焼け夕焼け，雲の色

　微粒子によって光の進行方向があらゆる方向に変えられる現象を**散乱**という．微粒子の大きさによって散乱の様子は異なる．分子サイズの粒子の場合，波長の短い青色光は散乱されやすく，波長の長い赤色光は散乱されにくい．そのため，地上では大気中の分子によって青色光が散乱され，日中はどこを見ても空は青く見えるのである．また，明け方や夕方の太陽高度が低い時は，大気中を光が通る経路は日中より長くなる．そのため，地上に届く前に青色光は散乱されてしまい，散乱されにくい赤色光だけが我々に届く（図 10.2）．したがって，朝焼けや夕焼けは空が赤く見えるのである．

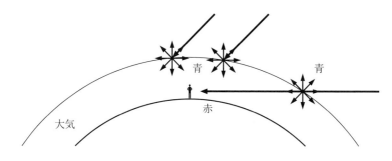

図 10.2　太陽光の散乱

　雲をつくる水滴（直径 0.01 mm 以下）などの大きいサイズの粒子による散乱では，色に関係なく白色光が散乱される．そのため，雲は白く見えるのである．黒い

---

[1] 正確には 2.99792458×10^8 m/s であり，空気中の光速も真空中とほぼ同じ値である．
[2] 1887 年にマイケルソンとモレーによって行われた実験で明らかにされた
[3] JIS（日本工業規格）の定義では，下限はおよそ 360〜400 nm，上限はおよそ 760〜830 nm である．

雲もあるが，この場合は雲が厚すぎて光が透過できないために黒く見えるのである．

▌ **問 10.1** 皆既月食で月が赤くなるのはなぜか．

10.3 虹

10.3.1 反射と屈折

　光は物質の境界面で進行方向を変える現象を起こす．反射と屈折である．**反射**は，光が物質の境界面で跳ね返る現象である．このとき，入射角と反射角は等しくなる．**屈折**は，光が異なる物質間を進む場合，物質の境界面で光の進行方向が変わる現象である．例えば，図 10.3 のように物質 a から物質 b へ光が進んだ場合，光の一部は物質 a と物質 b の境界面で反射し，残りの光は屈折して物質 b へ進む．屈折において，入射角 α と屈折角 β の間には

$$n_\mathrm{a} \sin \alpha = n_\mathrm{b} \sin \beta \tag{10.2}$$

という関係が存在する．これを**スネルの法則**という．n_a と n_b はそれぞれ物質 a と物質 b の**屈折率**である．屈折率は物質によって決まる値である．表 10.1 にまとめたように，光の色によっても屈折率は異なり，波長が短いほど屈折率は大きい．白色光が屈折すると，屈折率の違いによって各色に分離する．この現象を**分散**という．ニュートンは，プリズムによる分散によって太陽光が白色光であることを示した．屈折とは，振動数は変わらずに光速が物質中で小さくなるために起こる現象である．屈折率は物質中での光速の比を表す量でもある．物質 a 中での光速を v_a，物質 b 中での光速を v_b とすると

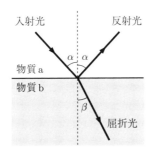

図 10.3 反射と屈折

$$n_a v_a = n_b v_b \tag{10.3}$$

という関係が成り立つ.

表 10.1   光の屈折率

空気	1.0003
水	1.3330※
ダイヤモンド	2.4195

※ 赤色光:1.3311, 緑色光:1.3345, 紫色光:1.3428

問 10.2   水中での光速を求めよ.

10.3.2   虹

　雨があがると, 虹は太陽と反対側の空に出現する. 虹は内側から紫, 青, 黄と色が並び, 一番外側が赤となっている. ここでは, 1) 色の配置はどのように決まるか, 2) 虹の内側・外側はどのようになっているか, 3) なぜアーチ状に見えるのか, 4) 完全な虹はどのようなものか, 以上, 4つについてみていこう.

　太陽光は, 空気中の水滴で屈折と反射を受けて水滴から出て行く. ここで, 図 10.4 に示すように 1 本の太陽光線が水滴内で受ける屈折と反射を考えよう. 太陽光が入射する方向と逆方向に放射される 2 つの光が虹をつくる. この 1 つの放射光は水滴内で 1 回反射され (図 10.5 (a)), もう 1 つは水滴内で 2 回反射される (図 10.5 (b)).

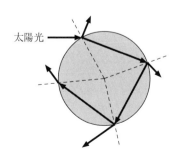

太陽光

図 10.4   水滴内の太陽光線

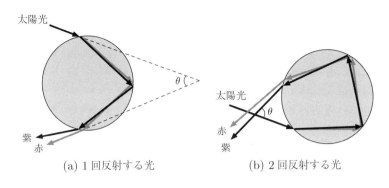

(a) 1回反射する光 (b) 2回反射する光

図 10.5 水滴から放射される光

　まず，図 10.5 (a) の放射光からみていこう．太陽光は水滴の中で分散され水滴から出て行く．このとき色によって，太陽光に対する放射光の角度が決まっている．紫色光は 40°，赤色光は 42°，その他の色の光がその間の決まった角度で出て行く．また，40° より小さい角度では白色光が出て，42° より大きな角度では光は出ない．このように太陽光に対して角度が決まっているため，虹の色の配置が決まるのである．図 10.6 に示したように，太陽光に対して 40° の方向にある水滴からは，紫色光のみが観測者の目に入る．同様に，太陽光に対して 42° の方向にある水滴からは，赤色光のみが観測者の目に入るのである．そのため，虹の色は下が紫で上が赤となるのである．この虹を**主虹**という．主虹の内側はどうなっているのだろうか．太陽光に対して 40° より小さい方向にある水滴からは白色光がやってくるので，主虹の内側は白っぽく見えるのである．では，主虹の外側はどうなっているのだろうか．同様に，太陽光に対する角度が 42° より大きい方向にある水滴からは光はやってこない．したがって，主虹の外側は暗く見えるのである．

　虹がアーチ状に見えるのはなぜだろうか．これまで図 10.4 のように，入射する太陽光は 1 本の光線を考えていた．実際は，太陽に面している水滴の面のいたるところに太陽光が入射するので，放射光は水滴を頂点とする円錐状に出て行くのである．そのため，赤色光を例にとれば，観測者の頭に接する太陽光線に対する角度が 42° であれば，太陽光線の周りに回転したどの方向からも赤色光が目に入ってくる．したがって，虹は観測者の頭に接する太陽光線を中心とする円形になるのであるが，地面があるためにその一部分だけが見え，アーチ状に見えるのである．もし，地面

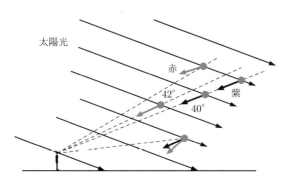

図 10.6 虹の色の配置

がなければ虹は円形に見える.

最後に,図 10.5 (b) の放射光がつくる虹を考えよう.放射される各色の光の太陽光線に対する角度は,赤色光が 50°,紫色光が 53° となる.したがって,主虹の上にもうひとつ虹が出現する.これを**副虹**という.副虹は下が赤,上が紫となり,色の配置は主虹とは逆になっている.副虹は常に主虹と一緒に出現するが,水滴からの放射光は弱いので,なかなか見ることができない.副虹の内側・外側はどうなっているだろうか.太陽光線に対する角度が 53° より大きい角度では白色光が放射されるが,50° より小さい角度からは光は放出されない.したがって,副虹の外側は白っぽく見え,内側は暗く見えるのである.主虹と副虹の間は暗く見える領域で,**アレキサンダーの暗帯**とよばれている.

問 10.3 大きな虹はどのような場合に見ることができるか.

問 10.4 夕方に見ることができる虹はどのような虹か.

第 11 章

シャボン玉の色

　シャボン玉は虹色を呈し，見る方向を変えると異なる色が見えてくる．これは，虹とは異なるメカニズムで虹色に見えるためである．ここでは，波動特有の現象である回折と干渉について説明し，シャボン玉の色といくつかの虹色に見える現象をみていく．

11.1　回折と干渉

　回折と干渉は，前章で扱った反射と屈折，第13章で扱うドップラー効果とともに波動特有の現象である．

　回折は，図11.1のように波動が障害物の背後に回り込む現象である．この図は平面波の回折を示している．図中の直線とアーチ状の線は波面である．波面とは，同時刻における波動の同じ状態の点を結んでできる面である．波面が平面の場合を平面波，球面になる場合を球面波という．電球からの光は球面波である．同様に太陽からの光も球面波であるが，地球に届く太陽の光は，太陽からの距離が非常に長いため平面波とみなすことができる．回折は我々の周りでも見られる現象である．例えば，ビ

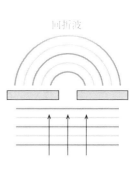

図 11.1　波の回折

ルの陰でもテレビやラジオを受信できるのは，電波が回折してビルの背後に回り込むためである．波動は障害物に対して波長が長いほど大きく回折する性質がある．

　回折がなぜ起こるのかは**ホイヘンスの原理**で説明できる．ホイヘンスの原理とは，波動の進行を説明する原理で，次のような内容である．

ホイヘンスの原理　波面の各点で生じる**素元波**とよばれる球面波が重なって次の波
面をつくる

　図 11.2 のように，素元波の重ね合わせで波面が生じる様子を図示することで，波
動の回折を説明することができる．もちろん，反射や屈折もホイヘンスの原理で説
明することが可能である．

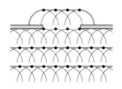

図 11.2　素元波による回折

問 11.1　反射と屈折をホイヘンスの原理で説明せよ．

問 11.2　入射光の波長と同じ長さの平面板で反射した場合，反射光はどうなるか．

　干渉は，図 11.3 のように出会った波動どうしが強めあったり弱めあったりする現象
であり，**重ね合わせの原理**のために起こる．重ね合わせの原理は次のとおりである．

重ね合わせの原理　2つ以上の波が出会うと合成波ができ，その変位は合成前の変
位の和となる

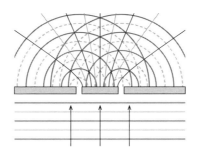

図 11.3　波の干渉

つまり，図11.4に示すように，山と山または谷と谷が出会うと，より高い山または
より深い谷となり，山と谷が出会えば振幅は小さくなるのである．

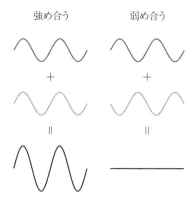

図 11.4　波動の重ね合わせ

11.2　様々な虹色

　シャボン玉の虹色は干渉によって生じる．図11.5のように，シャボン玉の膜の
表面で反射した光と，シャボン玉の膜内に進行して内側の表面で反射した光が干渉
することによって虹色が生じる．Dで反射される光より膜内を進行する光の経路が
CEDだけ長いため，波がずれて重なることで干渉が起こるのである．したがって，
光の波長，入射角，シャボン玉の膜の厚さなどによって様々な色が見えるのである．

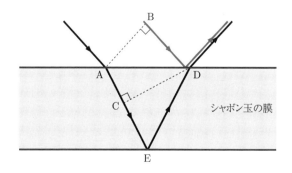

図 11.5　シャボン玉の虹色

　同じ虹色であってもシャボン玉と異なり，回折で虹色が生じる現象もある．春先などに太陽の周囲を淡い虹色が取り囲む光環という現象がある．光環は太陽に近い部分が紫で外側が赤という配色になる．光環は，空気中を漂う花粉などによって太陽光が回折するために生じるのである．回折の度合は光の波長によって異なるため，太陽の周りに虹色が出現するのである．

▌**問 11.3**　光環は太陽に近いところが紫で遠いところが赤になることを説明せよ．

　CD や DVD の読み取り面に光が当たると，虹色を見ることができる．CD や DVD の読み取り面には，ピットとよばれる細かい突起がある．ピットの長さは光の波長程度であり，光が当たると回折光が出て行く（図 11.6）．その回折光どうしが干渉することによって虹色が生じるのである．貝殻の内側でも虹色を見ることができるが，これも CD や DVD の読み取り面と同じように光の波長程度の凹凸があるためである．

入射光　　　　　　　　　　　　　　　　　　回折光

波長程度

図 11.6　CD や DVD の読み取り面での光の回折と干渉

11.3　回折と干渉の応用

　干渉の応用もある．音の干渉を利用したものに，ノイズキャンセリングヘッドホンがある．このヘッドホンは，ヘッドホンの外側にマイクが付いている．そのマイクで周囲の音を拾って，干渉によって消える音を作成してヘッドホン内に流し，外部の雑音を消すしくみになっている．ただし，消える雑音は一様な雑音だけで，突発的な雑音は消すことはできない．その他に，デジタルカメラのオートフォーカスも光の干渉を利用している．

　干渉と回折の応用にはホログラフィーがある．**ホログラフィー**とは，光の回折と

干渉を利用して立体画像を記録再生する技術である．立体画像を記録したものをホ
ログラムという．ホログラフィーは，レーザー光を物体に当てて，物体で散乱され
た光とレーザー光の干渉でできる干渉縞を写真乾板に記録する．現像した写真乾板
にレーザー光を当てると，干渉縞による回折光で立体画像を再生することができる
のである．ホログラムにはいくつか種類があり，各国で使用されている高額紙幣に
はホログラムが貼ってある．例として図 11.7 に一万円札のホログラムを示す．こ
のホログラムは，見る方向によって見える柄が異なるようになっている．このよう
なホログラムを作成するのは難しいため，紙幣の偽造防止のために貼ってあるので
ある．

図 11.7　一万円札のホログラム[1]

---

[1] 出典：国立印刷局ホームページ
　　 https://www.npb.go.jp/ja/intro/gizou/genzai.html

第 12 章

音と楽器

音とはなんだろうか．また，楽器はどのように音を出すのだろうか．楽器によって音色が異なるのはなぜだろうか．ここでは，音の性質を説明し，弦楽器と管楽器についてみていく．

12.1 音の性質

音とは物体の振動であり，その振動は空気中を縦波として伝わる．**縦波**とは，波動が伝わる方向に振動する波動であり，媒質の密度が大きい密とよばれる部分と密度が小さい疎という部分が伝わる（図 12.1）．そのため，縦波を**疎密波**ともいう．音も波動現象なので前章までにみた反射，屈折，回折，干渉を起こす．

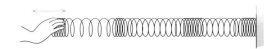

図 12.1 縦波

音の高さは振動数で決まり，振動数の値が小さいときは低い音，大きいときは高い音となる．人が聴き取れる音の範囲は，個人差や年齢差があるが，20〜20000 Hz である．20 Hz 未満の音を**超低周波音**，20000 Hz を超える音を**超音波**という．超低周波音は，聞くことはできないが，振動として感じることができる．例えば，離れたところで重いトラックなどが走ると，家の窓ガラスなどが振動することがある．これは超低周波音による振動である．超低周波音は体に悪影響を与え，健康に害を及ぼすことがある．超音波は直進性が高く，魚群探知機，超音波検査機などの応用がある．図 12.2 は医療診断に用いられる超音波検査による画像である．

問 12.1 ファスナーの開け閉めを，ゆっくり行うと低い音がし，速く行うと高い音がするのはなぜか．

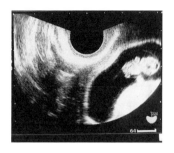

図 12.2　超音波検査

　音が伝わる速さを**音速**という．表 12.1 にいくつかの物質の音速を示している．物質によって音速はかなり異なることがわかる．音速は温度によっても多少異なる．空気の音速 v (m/s) と温度 t (℃) との関係は

$$v = 331.5 + 0.6t \tag{12.1}$$

と表すことができる．このように，温度によって音速は異なることが，温度による音速の違いはあまり大きくないことがわかる．

表 12.1　0℃ での音速 (m/s)

空気	331
ヘリウム	970
水	1480
鉄	5920

問 12.2　音はどのような場合に屈折を起こすか．

12.2　楽器はどのように音を出すのか

12.2.1　振動と楽器

　物体が自由な状態で振動するとき，物体によって決まった振動数で振動する．このような振動を**固有振動**といい，そのときの振動数を**固有振動数**という．物体に外部から振動が加えられるとき，固有振動数で物体の振動が増幅する現象を**共鳴**という．共鳴のことを共振ともいう．

弦の共鳴では，最も小さな固有振動数での振動を基本振動といい，その振動数を基本振動数という．ここで基本振動数を f_1 としよう．2 番目に小さな振動数の固有振動を 2 倍振動といい，その振動数は $2f_1$ となる．n 番目の固有振動を n 倍振動といい，その振動数は nf_1 となる．これらの固有振動は図 12.3 に示したように振動し，大きく振動している部分を**腹**といい，振動していない部分を**節**という．n 倍振動の場合，腹の数は n 個で，節の数は両端を除くと $n-1$ 個となる．弦の固有振動数 f_n は，弦の長さを l，張力を T，線密度を ρ とすると

$$f_n = \frac{n}{2l}\sqrt{\frac{T}{\rho}} \tag{12.2}$$

と表せる．線密度とは単位長さあたりの質量である．同じ密度の物質でできている弦であれば，太い弦ほど線密度は大きい値となる．

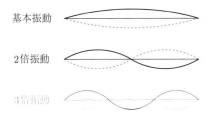

図 12.3　弦の固有振動

平面板の振動でも共鳴は起こる．平面板の振動はかなり複雑で，平面板の形状によっても異なる．平面板の固有振動で，振動しない節を可視化すると幾何学的な図形が現れる．この幾何学的図形をクラドニ図形という．図 12.4 はギターの背板に現れるクラドニ図形である．

管に入っている空気を気柱とよぶが，気柱でも共鳴が起こる．ただし，気柱の場合は，管の両端が開いた開口管と一端が閉じた閉口管とでは固有振動数が異なる．開口管の固有振動数 f_n は，l を気柱の長さ，v を気柱の音速とすると

$$f_n = \frac{nv}{2l} \quad (n = 1, 2, \ldots) \tag{12.3}$$

と表され，閉口管の場合は，

$$f_{2n-1} = \frac{(2n-1)v}{4l} \quad (n = 1, 2, \ldots) \tag{12.4}$$

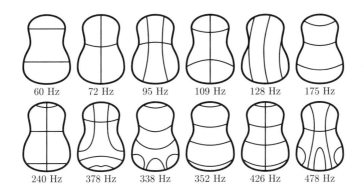

図 12.4　平面板の固有振動

と表される．閉口管の固有振動数は奇数倍のみ現れる．

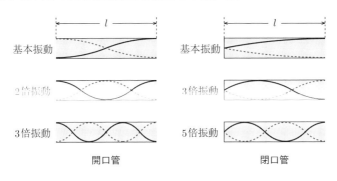

図 12.5　気柱の固有振動

　楽器の場合，振動は純粋な固有振動にはならず，基本振動にいくつもの倍振動が混ざった音を出す．例えば，弦楽器の場合，指などで弦を弾いたり弓で擦って弦を振動させるために，純粋な固有振動にはならないのである．音の場合，基本振動を基音，倍振動を倍音とよぶ．楽器はものによって音色が異なるが，音色は基音と様々な倍音の混ざり方によって決まるのである．

問 12.3　開口管と閉口管の固有振動数がそれぞれ式 (12.3) と式 (12.4) で表せることを証明せよ．

12.2.2　弦楽器

　弦楽器は，指などで弾いたり弓で擦ることで弦を振動させて音を出す楽器である．上述のように，弦の固有振動数は，弦の長さ，張力，線密度で決まる．線密度はその定義から弦の太さと解釈することができる．式 (12.2) から，低い音を出すには，弦を長くするか，張力を小さくするか，弦を太くすればよいことがわかる．また，高い音を出すには，その逆にすればよいことがわかる．多くの弦楽器では，ほぼ同じ長さで太さの異なる弦が数本張ってある．したがって，音の振動数を変えるには，指で弦を押させて弦の長さを変えながら演奏を行う．また，弦楽器の大きさの違いで出せる音域がだいたい決まっていて，大きい弦楽器ほど弦は長いので低い音域の音が出せるのである．

　弦楽器の弦の表面積は非常に小さいため，空気を大きく振動させることができず，発生する音は非常に小さい．そのため，弦楽器には弦の振動を増幅する共鳴板が必ずついている．ギター，バイオリン，チェロなどは箱状の共鳴板がついている．共鳴板は，空気に接する面積が非常に大きいので，弦の小さな振動を増幅させることができるのである．

12.2.3　管楽器

　管楽器は，息を吹き込むことで起こるリードやエアリードの振動で，管内の気柱を振動させて音を出す楽器である．フルートやリコーダーなど大部分の管楽器は開口管である．唯一閉口管であるのはクラリネットである．クラリネットはフルートとほぼ同じ長さであるが，閉口管であるためにフルートより 1 オクターブ低い音が出る．オクターブとは，2 音間の振動数の比が 1 対 2 である音程のことである．式 (12.3) と式 (12.4) からわかるように，管楽器は気柱の長さで音の高さが変わる．気柱が長い場合は低い音，短い場合は高い音になる．多くの管楽器には穴が開いていて，穴を指で閉じたり開けたりして気柱の長さを変えながら演奏を行う．また，管楽器も弦楽器同様，大きい管楽器ほど気柱は長いので低い音域の音が出せるのである．

> **問 12.4**　クラリネットがフルートより 1 オクターブ低い音になることを示せ．

> **問 12.5**　ヘリウムガスを吸って喋ると声が高くなるのはなぜか．

第 13 章

動くと音はどうなるか

　サイレンを鳴らした救急車が通り過ぎると，音の高さが変化する．このような経験をしたことがあるのではないだろうか．これは，音に限らず様々な波動で起こる波動特有の現象である．ここでは，このように波源が動いたり観測者が動くと波動が変わる現象を説明する．

13.1　サイレンを鳴らす救急車とすれ違うと

　救急車がサイレンを鳴らしながら近づくとサイレンの音は高くなり，通り過ぎるとサイレンの音は低くなる．また，乗っている列車が踏切に近づくと踏切の警報音は高くなり，通り過ぎると警報音は低くなる．これらは，波源と観測者とが相対運動する時に波動の振動数が変化する現象で，ドップラー効果とよばれている．

　静止する観測者に速度 v_{s} で音源が近づく場合，音源が発する音の振動数 f と観測者が受け取る音の振動数 f' との間には次の関係がある．

$$f' = \frac{V}{V - v_{\mathrm{s}}} f \tag{13.1}$$

ここで，V は音速である．この関係式から，この場合は f' が f より大きくなるので，音は高くなることがわかる．また，静止する観測者から音源が遠ざかる場合は速度が $-v_{\mathrm{s}}$ になるので，式 (13.1) の分母が $V + v_{\mathrm{s}}$ となる．したがって，この場合は f' は f より小さくなり，音は低くなる．

> **問 13.1**　速度 v_{s} で動く音源が音を出している．音源からみた，進行方向の音速を求めよ．音源が静止しているときの音速を V とする．
>
> **問 13.2**　速度 v_{s} で動く音源が振動数 f の音を出している．進行方向の波長 λ を求めよ．
>
> **問 13.3**　問 13.1 と問 13.2 をもとに式 (13.1) を導出せよ．

　静止する音源に速度 v_{o} で観測者が近づく場合，音源が発する音の振動数 f と観

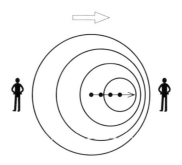

図 13.1　音源が動く場合

測者が受け取る音の振動数 f' との関係は

$$f' = \frac{V + v_{\mathrm{o}}}{V} f \tag{13.2}$$

となる．したがって，観測者が音源に近づく場合は，f' は f より大きくなって音は高くなる．一方，観測者が音源から遠ざかる場合は速度が $-v_{\mathrm{o}}$ となるので，f' は f より小さくなって音は低くなる．

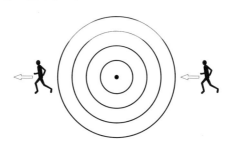

図 13.2　観測者が動く場合

問 13.4　音源に速度 v_{o} で近づく観測者が受け取る音の音速と波長を求め，式 (13.2) を導出せよ．静止する音源が発する音の振動数を f，音速を V とする．

　このように，音源と観測者が相対的に近づくと振動数は増加し，相対的に遠ざかると振動数は減少する．式 (13.1) と式 (13.2) をまとめると，

$$f' = \frac{V + v_{\mathrm{o}}}{V - v_{\mathrm{s}}} f \tag{13.3}$$

となる．遠ざかる場合は，v_{o} または v_{s} は負の値になる．

　ドップラー効果は波動特有の現象であるので，光もドップラー効果を起こす．光のドップラー効果では，光源が観測者に近づくときに光の波長が短くなる現象を**青方偏移**といい，光源が観測者から遠ざかるときに光の波長が長くなる現象を**赤方偏移**という．1912年，アメリカの天文学者スライファー（Vesto Melvin Slipher, 1875-1969）は，ほとんどの銀河からやってくる光が赤方偏移していることを発見した．アメリカの天文学者ハッブル（Edwin Powell Hubble, 1889-1953）は，その研究を進めて宇宙は膨張していると結論づけた．そして，ハッブルは，天体が我々から遠ざかる速さとその天体までの距離を関係づけた法則を発見した．これを**ハッブルの法則**といい，天体が我々から遠ざかる速さを v，我々から天体までの距離を D とすると

$$v = H_0 D \tag{13.4}$$

となる．ここで，H_0 は**ハッブル定数**とよばれる定数で，観測によって決定される．宇宙が膨張していることより，宇宙は高温高密度の点が膨張して生じたとする**ビッグバン理論**が構築された．ハッブル定数が決まると，ビッグバンが今から何年前に起こったかがわかる．現在，ビッグバンが起きたのは今から138億年前とされている．この値は観測精度が高まると，今後も変わっていく可能性がある．

13.2　飛行機が音速で飛ぶ，そして音速を超えると

　飛んでいる飛行機の音を考えてみよう．飛行機が音速で飛ぶと，飛行機の音はどうなるだろうか．図13.3に示したように，飛行機の前方では音の波長は0になる．このとき飛行機の前面では，空気は圧縮されて高圧になっている．この高圧の空気の層は音速の壁とよばれている．では，飛行機が音速を超えて，つまり超音速で飛ぶとどうなるだろうか．このとき音速の壁は破られ，高圧の空気の層は飛行機の前面を頂点とした円錐状に後方に広がっていく．この高圧の空気の層を**衝撃波**といい，この円錐を**マッハ円錐**または**マッハコーン**という．衝撃波が地上に到達すると，爆音として観測される．この爆音を**ソニックブーム**という．

　超音速で飛ぶ飛行機の他にも，衝撃波が生じる例はある．雷や隕石の落下などがその例である．最も身近な例である雷について説明しよう．雷は，空気中を高電圧

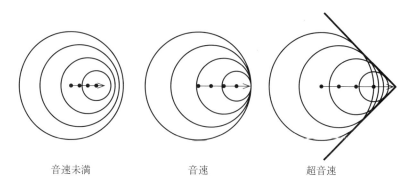

音速未満   音速   超音速

図 13.3 音速，超音速で飛ぶ飛行機が出す音
飛行機は左から飛行し矢印の先にいる．
円は黒丸の位置で出した波面である．

の電流が流れる現象である．このとき非常に大きな熱が発生し[1]，空気は音速を超える速さで膨張する．これによって衝撃波が生じるのである．この衝撃波によるソニックブームが雷鳴なのである．

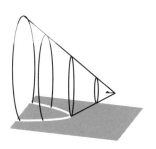

図 13.4 衝撃波の広がり

衝撃波に似た現象も存在する．それは**チェレンコフ放射**である．チェレンコフ放射とは，電気を持った粒子（荷電粒子）が物質中を，その物質中での光速を超えて通過すると微弱な光が出る現象である．この微弱な光は**チェレンコフ光**とよばれ，衝撃波のマッハ円錐と同様に円錐形に出ていく（図 13.5）．原子炉内の水や使用済み核燃料プールの水が青白く見えるのはチェレンコフ光のためである．

　チェレンコフ放射を利用してニュートリノという素粒子の観測も行われている．

---

[1] 物質に電気が流れると物質の電気抵抗に比例する量の熱が発生する．第22章を参照．

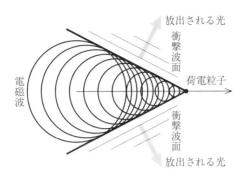

図 13.5 チェレンコフ放射

この観測装置は，岐阜県神岡町の神岡鉱山跡に作られたカミオカンデとその後継機
であるスーパーカミオカンデである．カミオカンデで，星の死である超新星爆発で
生じたニュートリノを観測したことで，小柴昌俊（1926-2020）が 2002 年にノーベ
ル物理学賞を受賞している．また，スーパーカミオカンデでは，ニュートリノ振動
という現象が発見され，これまで質量が 0 であるとされていたニュートリノには質
量があることが示された．この功績で，梶田隆章（1959- ）は 2012 年にノーベル
物理学賞を受賞したのである．

図 13.6 スーパーカミオカンデ[2]

[2] 写真提供：東京大学宇宙線研究所 神岡宇宙素粒子研究施設

第14章

船はなぜ水に浮くのか

流体はいくつかの特徴的な性質を持っている. また, 流体内では圧力と浮力という力が働く. ここでは, これらについて説明し, 船が水に浮く理由をみていく.

14.1　流体とその性質

自由に形を変えられる気体と液体をあわせて**流体**という. 流体は特有の性質を持ち, 特有の現象を起こす. そのひとつは**粘性**という性質である. つまり, 粘り気である. 通常, 実在の流体は, どんなにさらさらした流体でも粘性を持っている. 粘性の程度を表す量を**粘性率**という. 表14.1 にいくつかの物質の粘性率を示した. 粘性率の単位は Pa·s であり, Pa（パスカル）は後述するように圧力の単位である. 粘性は流体内での物体の運動に影響を与える.

表14.1　粘性率

物質	粘性率（Pa·s）	備考
マヨネーズ	8	
潤滑油	5.8×10^{-2}	20℃
エタノール	1.1×10^{-3}	25℃
水	8.9×10^{-4}	25℃
空気	1.8×10^{-5}	20℃

液体では, **表面張力**という力が液体表面に働く. コップに水を入れると, 水はコップの縁よりも盛り上がる. また, 撥水性のある葉っぱの上では, 水滴が丸く玉状になる. これらは, 表面張力が液体の表面積を最小にするように働くために起こる現象である. 表面張力は, 分子間力によって表面の分子が内部へ引っぱられるために生じる. **分子間力**は, その名のとおり分子間に働く力で, 通常は引力である. 水の表面張力には, 界面活性剤によって弱められるという性質がある. 界面活性剤

図 14.1　界面活性剤

とは，図 14.1 のように一端が油と結びつく部分（親油基[1]）となっていて，もう一端は水と結びつく部分（親水基）となっている分子である．その代表例は洗剤である．洗剤を混ぜた水で油汚れが落ちるのは，界面活性剤の親油基と親水基にそれぞれ油と水が結びつくためである．

　水の表面張力によって，水面に 1 円玉は浮く．ところが，界面活性剤を水面に加えると，水面の表面張力が弱まって 1 円玉は沈む．水面に界面活性剤を加えると，図 11.2 のように水面は親油基で覆われる．親油基間の分子間力は小さいため，水面の分子間力が弱まるのである．セッケン水がシャボン玉として丸く膨らむのも，界面活性剤によって水の表面張力が弱まるためである．図 14.3 のように，シャボン玉の膜の内側外側の表面は，界面活性剤の親水基が膜に結びついて親油基で覆われる．そのため，シャボン玉の膜の表面では表面張力が弱まって膨らむのである．

図 14.2　水面の界面活性剤

　液体が起こす現象としては，**毛管現象**がある．毛管現象は，液体に細い管を立てると，管内の液面が管外よりも上昇または下降する現象である．図 14.4 は管内の液面が上昇した例である．管内で液面が上昇するのは，壁面の分子と液体分子の分子間力で液体分子が壁に引き上げられるためである．

---

[1] 疎水基ともいう.

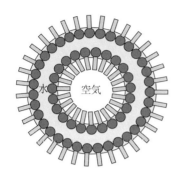

図 14.3　シャボン玉の構造

水　空気

図 14.4　毛管現象[2]

14.2　流体内で働く力

　流体内にある物体には圧力や浮力という力が働く. **圧力**とは, 物体の面を垂直に押す力で, その大きさは単位面積あたりに働く力の大きさである. 圧力の大きさの単位は N/m^2 であるが, これを Pa（パスカル）として用いる. 圧力は, 流体を構成する分子の衝突による衝撃で生じる力なのである.

　大気圧は大気中で生じる圧力で, その大きさは上空にある空気の重量によって決まる. そのため, 上空にいくにしたがって大気圧は小さくなっていく. 上空 32 km までで地球上の空気の 99% が存在するため, 概ね上空 32 km までの空気の重量が地上にいる我々の頭の上にのしかかっているのである. 標準的な大気圧は 1,013 hPa であり, 1 m^2 あたり約 10 t もの空気の塊がのしかかっているのである.

> **問 14.1**　水平面の上に置いた A4 判の下敷きに働いている大気圧は, どれだけの質量の物体が乗っているのと同じになるか. A4 判の大きさは 210 mm×297 mm である.

　水圧は水中で生じる圧力で, その大きさは水面からある水深までの水の重量によって決まる. 水圧は, 1 m 深くなるごとに 98 hPa ずつ増していく.

> **問 14.2**　水圧が 1 m ごとに 98 hPa ずつ増すことを示せ. ただし, 重力加速度を $9.8\,m/s^2$ とし, 水の密度は表 14.2 の値を使用せよ.

---

[2] 写真提供：日本スリービー・サイエンティフィック株式会社

　物体が流体内にあると，物体は流体から浮力を受ける．**浮力**は，流体内の物体に重力と逆向きに働く力である．ここで，水中にある物体に働く浮力を考えてみよう．図 14.5 に示したように，流体内の物体は，上の面に大きさ p_1 の圧力を受け，下の面に大きさ p_2 の圧力を受ける．圧力の大きさは $p_2 > p_1$ なので，流体内の物体には上向きに大きさ $p_2 - p_1$ の力が働く．

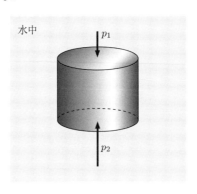

図 **14.5**　水中の物体に働く圧力

この力が浮力であり，その大きさ F は物体が押しのけた流体の重量分で

$$F = \rho V g \tag{14.1}$$

となる．ここで，ρ は流体の密度，V は物体が押しのけた流体の体積，g は重力加速度である．流体内の物体が浮くか沈むかは，物体に働く浮力と重力の大きさによる．船が水に浮くのは浮力のためである．図 14.6 において，船体が水中に没した部分が，船が押しのけた水の体積となる．この体積が大きければ浮力は大きくなる．

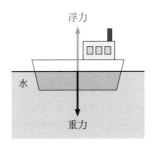

図 **14.6**　船

問 14.3   浮力の大きさが式 (14.1) になることを示せ.

問 14.4   ヘリウムガスが入っている風船はなぜ浮くのか.

問 14.5   水に浮いているボートが浸水し沈んだ. なぜ沈んだか説明せよ.

問 14.6   水に沈んでいる物体がある. 水に食塩水を混ぜるとどうなるか.

表 14.2   物質の密度（10^3 kg/m^3 = g/cm^3）

鉄	7.87
飽和食塩水	1.21
水	1.00
空気	0.00129 （0℃, 1 気圧）= 1.29 g/L
ヘリウム	0.000179（0℃, 1 気圧）= 0.179 g/L

第 15 章

流れを受けるとどうなるか

第 2 章でみたように，落下では空気の影響を受けることがある．ここでは，どのように空気の影響を受けるのか説明する．また，物体が流れを受けると様々な現象が起こる．これらの現象もみていく．

15.1 流れについて

物理学では，流れを**流線**とよばれる曲線によって表す．各点での流れの方向は，流線の接線方向となる．また，流線が集まってできる管を**流管**という．流体は流管をつくる流線に沿って流れるので，流管は我々の身のまわりにあるパイプのように考えてよい．流れは規則的な流れである**層流**と不規則な流れの**乱流**に分けられる．層流は図 15.1 (a) のように流線が層状になるか，乱流は図 15.1 (b) のように様々な場所で流線が不規則に生じたり消えたりする渦状になる．

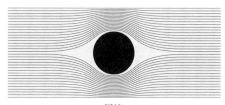
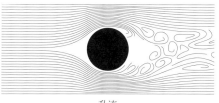

層流　　　　　　　　　　　　　　　乱流

図 **15.1**　層流と乱流
流れは左から右に向かっている．

問 **15.1**　パイプの中を水が流れる場合，どのような流れ方をするだろうか．ただし，流れは層流とする．

15.2　流れの中の物体

　流体の中を運動する物体や流れの中の物体には，流れから抗力などの力を受ける．初めに流体内での落下を例にとって，落下する物体が流体からどのように影響を受けるのかみてみよう．

15.2.1　流体内での落下

　空気中での物体の落下を考えてみよう．物体の質量を m，落下速度を v，落下の加速度を a とするとニュートンの運動方程式は次のようになる．

$$ma = mg - \zeta v^2 \tag{15.1}$$

ここで，右辺の第2項は v^2 に比例する**圧力抗力**で，係数 ζ は物体の大きさと流体の密度に依存する．式 (15.1) からわかるように，落下が進むと v は次第に大きくなり，右辺の値は減少する．そのため，落下が進むと加速度 a は小さくなっていく．最終的に $mg = \zeta v^2$ となり，$a = 0$ となる．つまり，落下速度は一定となるのである．このときの速度を**終端速度**という．

　落下する物体の大きさが小さい場合は，圧力抗力よりも摩擦抗力の効果が大きくなる．**摩擦抗力**は流体の粘性によって生じる抗力である．摩擦抗力は v に比例し，落下する球の半径を r，流体の粘性率を η とすると，摩擦抗力は $6\pi\eta rv$ となる．これを**ストークスの法則**という．落下する物体の大きさが小さい場合は，式 (15.1) の右辺第2項を $6\pi\eta rv$ に置き換えることができる．雨の場合，小さな雨粒では摩擦抗力が大きく，大きな雨粒になると圧力抗力が大きくなる．雨粒のおおよその終端速度は次のとおりである．霧雨（直径 0.01 mm）では 0.03 m/s，普通の雨（直径 1.0 mm）では 5 m/s，どしゃぶりの雨（直径 8 mm）では 13 m/s となる．また，雲も雲粒とよばれる小さな水滴（直径 0.01 mm 以下）であるので，摩擦抗力によっておよそ 1 cm/s 程度の終端速度で落下している．雲が浮いているように見えるのは，このように終端速度が非常に小さいため，高いところで落下していても落下していないように見えるためである．

　圧力抗力を応用したものには，パラシュートやスキージャンプなどがある．パラシュートは空気の圧力抗力によって，小さな終端速度で落下してくる．スキージャンプも圧力抗力によって落下を遅くして，飛距離を伸ばすのである．圧力抗力を大

きくするには，流体の流れを受ける面積をできるだけ大きくすればよい．スキージャンプの現在のジャンプの姿勢を図 15.2 (a) に示してる．V 字ジャンプとよばれている現在のジャンプは，風を受ける面積が大きいことがわかる．このため，飛距離は伸びるのである．一方，図 15.2 (b) は昔のジャンプの姿勢であるが，体の下にスキー板があって，現在の V 字ジャンプと比べると風を受ける面積が小さい．そのため，あまり飛距離をかせぐことができないのである．

(a) 現在の姿勢　　　　　　　　　(b) 昔の姿勢

図 15.2　スキージャンプの姿勢

問 15.2　空気からの抗力がない場合，1 km 上空から降る雨粒が地上に到達するときの速さを求めよ．

15.2.2　物体と流れ

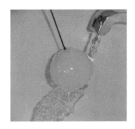

物体に流れが当たると様々な現象が起こる．コアンダ効果はそのひとつである．**コアンダ効果**とは，速い流れのそばに曲面があると，曲面に沿って流れる現象である．図 15.3 にピンポン球の曲面に沿って水が流れる様子を示している．これがコアンダ効果である．

図 15.3　コアンダ効果

問 15.3　図 15.3 のようにピンポン球が水流に引き寄せられるのはなぜか．

　物体が前方から流れを受けるとどうなるだろうか．物体表面に沿って流れていくが，あるところで物体表面から流れがはがれていくことがある．この現象を**はく離**という．物体表面から離れたところと比べると，物体表面近くでは流体の粘性のために，流速は下流に向かうにつれて小さくなる．そして，あるところで物体表面での流れは逆流し，流れは物体からはがれてしまうのである．はく離が起こるところを**はく離点**という．はく離が起こると，図 15.4 のように物体の背後では，前面より圧力が低くなって物体へ向かう流れができる．マラソンでは人の背後につけて走ると風よけになるが，後ろから風で押されるというメリットもある．

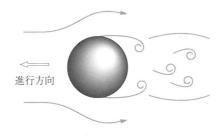

進行方向

図 15.4　はく離

　はく離が起こると物体の前面と背後に圧力差ができ，物体は圧力抗力を受ける．したがって，ボールをできるだけ遠くへ飛ばそうとするゴルフでは，ゴルフボールは圧力抗力のために飛距離が伸びなくなってしまう．ゴルフボールの飛距離を伸ばすためには，はく離点を下流側へ移動させて，圧力抗力を小さくする必要がある．ゴルフボールの表面にディンプルという小さなくぼみがたくさんあるのはこのためである（図 15.5）．ディンプルでは小さな乱流ができ，はく離は下流で起こるようになる．したがって，圧力抗力が減少してゴルフボールは遠くまで飛ぶようになるのである．同様の応用としてサメ肌の水着がある．図 15.6 のようなサメ肌は，ゴルフボールのディンプルと同様に，はく離点を下流側に移動させて，圧力抗力が減少するようになっている．そのため，サメ肌の水着を着ると速く泳げるのである．2008 年に開

図 15.5　ゴルフボール

図 15.6　サメ肌

催された北京オリンピックでは，レーザーレーサー[1]というサメ肌の水着を着用した水泳選手が，世界記録やオリンピック記録を続々と更新して問題となった．

　細い棒状の物体に適した速さの流れが当たると，物体の背後にカルマン渦ができる．**カルマン渦**とは，流れの中にある棒などの背後に交互にできる2列の渦である（図15.7）．強風が電線に当たるとその背後にはカルマン渦ができる．このとき，ピューピューと音が鳴るが，これは電線の振動ではなく，カルマン渦自体が出している音なのである．この音を**エオルス音**という．野球のピッチャーが投げるナックルボールはゆらゆら揺らぎながら進む．ナックルボールはボールを回転させずに投げるが，このときボールの背後にできるカルマン渦によって揺らぐのである．また，旗がはためくのは旗竿の背後にできるカルマン渦によるものと考えられる．カルマン渦は大きな事故を引き起こすことがある．物体のどこかが振動しやすくなっていると，その固有振動数と同じ振動数のカルマン渦が発生すると共振を起こす．この共振によって物体が破壊されることがある．1940年アメリカのワシントン州にあるタコマナローズ橋が崩壊したのは，カルマン渦による共振が原因と考えられている．

図15.7　カルマン渦[2]

---

[1] SPEEDO 社が開発した競泳用水着．
[2] 写真提供：トーニック株式会社

第16章

飛行機はなぜ空高く飛べるのか

飛行機は重いのになぜ空高く飛べるのかと，一度は疑問に思ったことがあるのではないだろうか．ここでは，この疑問に答えてみる．また，野球のピッチャーが投げるボールが，直球だったり，曲がったり，落ちたりする現象についても説明する．実は，飛行機が空高く飛べるのもピッチャーの投げるボールも同じ揚力という力が関係しているのである．

16.1　連続の式とベルヌーイの定理

密度が一定の流体がホースなどの管内を流れるとき，どの断面でも流量は一定となる．この物理法則を**連続の式**という．これは流管内の流れでも成り立つ．ここで流量とは，ある断面を単位時間あたり通過する流体の体積である．流量 Q は，流速を v，断面積を S とすると

$$Q = vS \tag{16.1}$$

と表すことができる．したがって，流量が一定のとき，断面積が大きいと流速は小さく，断面積が小さいと流速は大きくなる．ホースから水を出しているとき，ホースの先をつまむと水が勢いよく出るのはこのためである．

問 16.1　蛇口から流れ落ちる水が下に行くと細い流れになるのはなぜか．

同一流線上で成り立つ，流体に関するエネルギー保存則を**ベルヌーイの定理**といい，次のように表すことができる．

$$\rho g h + \frac{1}{2}\rho v^2 + p = 一定 \tag{16.2}$$

ここで，ρ は流体の密度，h は高さ，g は重力加速度，v は流速，p は圧力である．この式の，第1項は流体の位置エネルギー，第2項は流体の運動エネルギー，第3項は圧力エネルギーである．高さが一定であれば位置エネルギーは一定となるので，

流速が大きくなると圧力は低くなり，流速が小さくなると圧力は高くなることがわかる．この例としては次のような現象がある．水が流れているホースを水平に置いて一部分をつぶすと，つぶれた部分の流速は大きくなり圧力は低くなる．また，口をすぼめて吐いた息は，口を出るときに断面積が小さいところを通るので，流速は大きくなり圧力は低くなる．

> **問 16.2** あるところから細くなるパイプ中を，気泡が混じっている水が流れている．太い部分から細い部分に流れが入ると気泡の大きさはどうなるか．

> **問 16.3** 図 16.1 のようにロートの中にピンポン球を入れて下から空気を流す．このとき，ピンポン球はどのようになるか．

図 16.1

16.2　流れの中で働く力

16.2.1　ピッチャーが投げるボール

野球のピッチャーが投げる直球は，ボールに重力が働いているにもかかわらず，落下せずにまっすぐキャッチャーに届くのはなぜだろうか．キャッチャーに届くまでの時間が非常に短いのであまり落下しないからだろうか．

> **問 16.4** ピッチャーからキャッチャーまでの距離は約 18.4 m である．160 km/h で投げられたボールは重力でどれだけ落下するか．ただし，空気抵抗は無視する．

直球の場合，ピッチャーが投げたボールは横から見ると図 16.2 のように回転している．回転するボールの表面付近の空気は，空気の粘性のためにボールと一緒に回転する．そのため，ボールの下側では前方からの気流と回転する空気によって気流は遅くなり，逆にボールの上側では気流は速くなる．したがって，ベルヌーイの定理よりボールの下側の圧力が高く，ボールの上側の圧力が低くなり，ボールには上向きの力が働く．そのため，ボールは重力で落下せずにまっすぐ進むのである．

ボールに働いた力は**揚力**とよばれ，流れに垂直な方向に働く力である．このように，回転する物体に揚力が生じる現象を**マグヌス効果**という．

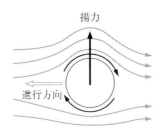

図 **16.2**　ボールのマグヌス効果

　横方向へ曲がるボールを投げる場合は，ボールの回転軸が地面に垂直になるような回転をボールに与えればよい．そうすると，揚力は地面と平行な方向へ生じ，また重力も働いているので，横方向へ曲がりながら落ちるボールとなる．落ちる変化球であるフォークボールは，ボールがあまり回転しないように投げる．そのため，上向きの揚力は弱くなり重力でボールは落ちると考えられるが，そうではないことが 2021 年にスーパーコンピュータを用いたシミュレーションによって解明された．その結果，ボールの縫い目と回転の関係によって下向きの力が働き，ボールが落ちることがわかっている．

▌**問 16.5**　紙筒を回転させながら落下させるとどうなるか．

16.2.2　飛行機はなぜ空高く飛べるか

　飛行機が空高く飛ぶことができるのも揚力のためである．飛行機の場合，揚力の発生には 2 つの要因が考えられる．ひとつは，翼の迎角によるものである．図 16.3 (a) の様に翼によって気流は下方へ曲げられる．このとき，作用反作用の法則により翼には上向きに揚力が生じるのである．凧が揚がるのも同様である．もうひとつは，翼の周りに生じる渦によるものである（図 16.3 (b)）．この渦によって，翼の下側で圧力が高くなり上側で圧力が低くなるため，翼には上向きの揚力が生じるのである．

　この他，レーシングカーのスリップ防止やヨットの風上への進行などにも揚力が

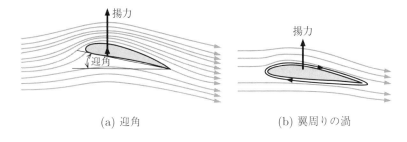

(a) 迎角　　　　　　　　　　(b) 翼周りの渦

図 16.3　翼に働く揚力

利用されている．レーシングカーは前輪の前と後輪の上に翼がついている．この翼は前方から来る気流を上方へ曲げる．その反作用で翼には下向きに揚力が発生し，タイヤと路面がより密着してスリップを防止している（図 16.4）．

図 16.4　レーシングカーに働く揚力

　ヨットを風上へ進行させる場合，図 16.5 のように風に対して船体を斜めに傾けて帆をはる．これによってヨットには風と垂直な方向へ揚力が発生する．しかし，これではヨットは風と垂直な方向へ流されてしまう．生じた揚力をヨット前方への推進力に変えるために，ヨットの下には，図 16.6 に示したキールという板が固定されている．キールは水の抵抗によって，ヨットを揚力の方向へ進むのを防ぎ，ヨットを前方へ進めるのである．風に対してヨットが斜め前方へ進んだら，次にヨットは風に対して先ほどとは逆に船体を斜めに傾け，揚力を得て斜め方向へ進む．図 16.7 のように，これを何度も繰り返して，ヨットはジグザグに風上へ進むのである．

問 16.6　キールは揚力をどのように推進力に変えるか，図を描いて説明せよ．

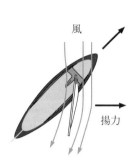

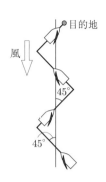

図 16.5　ヨットに働く揚力　　　**図 16.6**　ヨットのキール　　　**図 16.7**　風上へのヨットの
進み方

第 17 章

温度と熱

　病院に行くと「お熱計りましょう」と言われることがあるが，計るのは体温である．温度と熱は同じなのだろうか．日常では，温度と熱は曖昧になっているようである．ここでは，温度とはなにか，熱とはなにかについて説明する．

17.1　温度とはなにか

17.1.1　温度の定義

　温度とは温かさや冷たさを表す数量であり，いくつかの温度目盛が使用されている．我々が普段使用しているのは**セルシウス温度**である．セルシウス温度は，1 気圧における水の融点を 0 度，沸点を 100 度とし，その間を 100 等分したものであり，その単位は ℃ である．また，欧米では**ファーレンハイト温度**が日常で使用されている．ファーレンハイト温度は，水の融点を 32 度，沸点を 212 度とし，その間を 180 当分したものであり，その単位は ℉ である．ファーレンハイト温度の目盛の間隔はセルシウス温度と異なる．ファーレンハイト温度 t_F とセルシウス温度 t_C との関係は

$$t_F = \frac{9}{5} t_C + 32 \tag{17.1}$$

となる．物理学で用いられる温度は**絶対温度**である．絶対温度は，$-273.15℃$ を 0 度とし，セルシウス温度と同じ目盛間隔になっている．絶対温度の単位は K（ケルビン）である．絶対温度 T とセルシウス温度との関係は

$$T = t_C + 273.15 \tag{17.2}$$

となる．

問 17.1　27℃ の絶対温度を求めよ．ただし，小数点以下は無視せよ．

17.1.2　温度の正体

　物質を構成する分子は運動している．固体では分子はお互いに強く結合している
ために決まった位置を中心に振動し，気体では分子は自由に飛び回っている．この
分子の運動を**熱運動**という．熱運動の運動エネルギーは**熱エネルギー**とよばれる[1]．
そのほかに，分子は分子間力による位置エネルギーなども持っている．これらのエ
ネルギーの総和を**内部エネルギー**という．物質自体の運動エネルギーや位置エネル
ギーが0であっても，構成分子による内部エネルギーは0ではないのである．

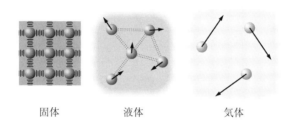

固体　　　　　　液体　　　　　　気体

図17.1　固体，液体，気体の熱運動

　液体や気体の場合，熱運動の様子はブラウン運動で間接的に確認することができ
る．ブラウン運動とは，イギリスの植物学者ブラウン（Robert Brown, 1773-1858）
が発見した，流体中で起こる微粒子の不規則な運動である．これは微粒子の周りに
ある流体の分子が，微粒子に衝突することで起こる運動である．

　ブラウン運動は温度が高いとき激しく，温度が低いとき緩やかである．これは次
のような関係があるからである．

　分子の平均運動エネルギーは絶対温度に比例する

つまり，温度が高い場合，流体の分子は激しく動いて微粒子に激しく衝突するので
ある．このように，温度は熱運動の激しさを表す量なのである．したがって熱運動
が停止した場合，激しさはまったくなくなるので，激しさを表す量である絶対温度
は0Kとなる[2]．0Kが温度の下限の値であり，これを**絶対零度**という．絶対零度
より低い温度は存在しないのである．

---

[1] 内部エネルギーのことを熱エネルギーとよぶこともある．
[2] 分子は絶対零度でも量子効果で振動している．これを**零点振動**という．

表 17.1　線膨張率（$10^{-6}\,\mathrm{K}^{-1}$）

物質	線膨張率
アルミニウム	23
鉄	12
ガラス	8.5
ダイヤモンド	1.1

17.1.3　物質と温度変化

　前述のように，温度が上昇すると熱運動は激しくなる．そのため，物質を構成する分子どうしの距離が伸びる．物質の温度が上昇すると，物質の長さや体積が膨張するのはこのためであり，この現象を**熱膨張**という．固体や液体では，1 K あたりの長さや体積が膨張する割合を**熱膨張率**という．長さの変化率を**線膨張率**，体積の変化率を**体膨張率**といい，体膨張率は線膨張率の 3 倍となる．線膨張率 α の物質が長さ l_0 である場合，温度が Δt K だけ変化すると，この物質の長さ l は

$$l = l_0(1 + \alpha \Delta t) \tag{17.3}$$

となる．鉄道のレールは，レールの熱膨張対策のために，レールの継ぎ目に隙間を空けてある．この隙間がなければ，レールが熱膨張したときに継ぎ目でレールどうしがぶつかりあって，レールが曲がってしまうのである．また，熱膨張の応用としてはアルコール温度計などがある．アルコール温度計は，アルコールの熱膨張を利用して温度を表示するものである．

> **問 17.2**　標準的な鉄道のレールの長さは 25 m である．0℃ のときこの長さとすると，30℃ のときのレールはどれだけ伸びるか．

　気体の熱膨張では，圧力一定のとき気体の体積は絶対温度に比例する．これを**シャルルの法則**という．シャルルの法則にしたがうと，絶対零度では気体の体積は 0 になる．しかし，実在する気体は，温度が低下すると液体になり固体になっていき，絶対零度で体積が 0 になることはない．シャルルの法則に完全にしたがう気体を**理想気体**という．理想気体は，分子が大きさのない点であり，分子間力もない仮想的な気体である．

> **問 17.3**　シャルルの法則にしたがう気体の温度が 1℃ だけ上昇すると，0℃ の体積に比べてどれだけ体積が増加するか．

17.2　熱とはなにか

17.2.1　熱の正体

　加熱すると物質の温度は上昇する．18 世紀には，熱は**カロリック**（熱素）という物質であり，それが流入すると物質の温度が上がると考えられていた．18 世紀終わり頃，アメリカ生まれの科学者ランフォード（Count Rumford, 1753-1814）は，大砲の砲身をくり抜く行程で大量の熱が発生することから，力学的な仕事で発生する摩擦熱の量と仕事の量との間に密接な関係があることに気づいた．そして，熱が物質ではなく，何らかの物体内に存在する運動だとする説を発表した．19 世紀半ば，イギリスの物理学者ジュール（James Prescott Joule, 1818-1889）は，図 17.2 に示した実験装置で，おもりの落下で羽根車を回転させて容器内の水を撹拌する実験を行った．つまり，おもりの重力による位置エネルギーで容器内の水をかき回すという仕事をするのである．この実験で，水の温度は上昇した．ジュールは，仕事が熱に変換することを実験で示し，カロリックの存在を否定した．1 気圧のもとで 1 g の水の温度を 1 K だけ上昇させるために要する熱量は 1 cal である．ジュールは 1 cal はどれだけのエネルギーになるか決定した．その結果は

$$1\,\mathrm{cal} = 4.1855\,\mathrm{J} \tag{17.4}$$

となり，この関係を**熱の仕事当量**という．これにより，熱がエネルギーの一形態であることが判明した．ジュールの実験での温度上昇は，仕事により分子の平均運動エネルギーが増加したことを示している．つまり，内部エネルギーが増加したのである．

　温度差があると熱は移動する．**熱**[3]は，高温側から低温側へ移動するエネルギーである．移動するのは内部エネルギーである．熱は高温側から低温側へ自発的に移動し，この反対方向へ自発的に移動することは絶対にない．熱が移動している間，高温側の内部エネルギーは減少するので温度は低下し，低温側の内部エネルギーは

---

[3]　熱と熱エネルギーは異なることに注意せよ．

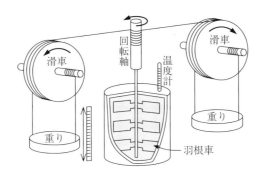

図 17.2 ジュールの実験

増加するので温度は上昇する．熱の移動は温度差がなくなるまで続き，温度差がなくなって熱の移動が停止した状態を**熱平衡状態**という．

　熱と温度は異なるが，上述のように密接に関係している．物質の温度を 1 K 上昇させる熱量を**熱容量**という．熱容量の単位は J/K となる．また，単位質量[4]あたりの熱容量を**比熱**という．質量 m の物質の温度を Δt だけ上昇させるのに必要な熱量 Q は，この物質の比熱を c とすると

$$Q = cm\Delta t \tag{17.5}$$

となる．式 (17.5) からわかるように，比熱の大きい物質の温度を上げるには，多量の熱が必要となる．つまり，比熱の大きい物質は温まりにくい．また，比熱の大きい物質の温度を下げるには，多量の熱を排出しなければならないため冷めにくいのである．表 17.2 からわかるように，水は温まりにくく冷めにくい物質なのである．

表 17.2 物質の比熱（J/g·K）

物質	比熱
水	4.19
アルミニウム	0.880
鉄	0.435
銅	0.379

---

[4] 通常 1 g とする．

問 17.4　80℃の水 1000 g に 0℃に冷やした 800 g の鉄の塊を入れる．熱平衡状態になったときの水の温度を求めよ．

17.2.2　熱力学第 1 法則

　ジュールの実験の結果からわかったように，加熱以外に仕事をすることで物質の温度を上昇させることができる．加熱でも仕事でも物質にエネルギーが流入するために温度が上昇する．したがって，物質の内部エネルギーの変化量 ΔU は，

$$\Delta U = Q + W \tag{17.6}$$

で表すことができる．ここで，Q は物質に加えた熱量，W は物質にした仕事である．式 (17.6) の関係を**熱力学第 1 法則**という．熱力学第 1 法則は，熱現象におけるエネルギー保存則である．

　機関が仕事をするためには，外部から熱を受け取るか，外部から仕事をされるかのどちらかが必要である．このような外部からのエネルギーの供給なしに，永久に外に仕事をする機関を永久機関という．このような機関の開発は長年行われたが，まったく成功しなかった．熱力学第 1 法則に反しているからである．このように，熱力学第 1 法則に反する機関を**第一種永久機関**という．

第18章

ストーブとクーラー

 ストーブはどのように部屋を暖めているのか．クーラーは温度の低い室内から温度の高い室外へ熱を運ぶ．この熱の移動はどのように行われるのか．ここでは，熱が伝わる現象とクーラーのしくみについて説明する．

18.1 ストーブで部屋を暖める

18.1.1 熱が伝わる現象

 熱が伝わる現象には，熱伝導，対流，熱放射の3つがある．**熱伝導**は，熱が物質中または物質間を移動する現象である．熱伝導による熱の伝わりやすさは物質によって異なり，熱の伝わりやすさを表す量を**熱伝導率**という．表18.1にいくつかの物質の熱伝導率をまとめている．表18.1からわかるように，金属の熱伝導率の値は非常に大きい．金属は内部を自由に動くことができる自由電子を持っていて，自由電子は熱を運ぶことができる．このために，金属の熱伝導率の値は大きいのである．一方，羊毛や空気の熱伝導率は非常に小さい．冬に羊毛の服を着ると暖かいのはこのためである．つまり，羊毛の服と空気の層が体を覆うために，体からの熱を服の外へ伝えにくいのである．

表18.1 熱伝導率（W/m·K）

銅	398
アルミニウム	236
鉄	84
ガラス	1
ポリエステル	0.2
羊毛	0.05
空気	0.0241

　対流は，流体が熱を運ぶ現象である．流体の一部分が熱せられると，熱膨張によってその部分の密度が小さくなる．このため，その部分の浮力と重力のつり合いが崩れ，上昇する流れと下降する流れが組み合わさった流れが生じる．これが対流である．対流は熱いみそ汁のお椀の中で見ることもできる．

　熱放射は，熱が電磁波として空間を伝わる現象である[1]．電磁波はなにもない空間を伝わることができる．したがって，宇宙空間でも電磁波は伝わることができるのである．ストーブに手のひらをかざすと暖かさを感じるのは，手のひらがストーブから放射された赤外線を吸収して熱を得て，手のひらの温度が上昇するからである．物質は常に電磁波を吸収し，同時に電磁波の放射も行っている．これを応用したものに，サーモグラフィーがある．サーモグラフィーは，特殊なカメラで赤外線を受信し，温度分布を色の違いで表した画像にするものである．また，熱放射のもうひとつの応用としては電子レンジ[2]がある．電子レンジは食品に電磁波を吸収させて温度を上昇させるしくみになっている．

18.1.2　ストーブで部屋が暖まるしくみ

　ストーブは主に対流と熱放射で部屋を暖めている．表 18.1 からわかるように，空気の熱伝導率は非常に小さいので，熱が空気中を直接伝わって部屋を暖める効果は，対流と熱放射に比べるとあまり大きくない．ストーブにはヒーター部の背後にピカピカの金属板がある．これは，ストーブの背後に伝わる赤外線を前方へ反射して，熱放射の効果を上げるための反射板なのである．

> **問 18.1**　地球は昼間に暖まり，夜間に冷えるのはなぜか．
> **問 18.2**　昼間，気温はどのように上昇するか．

18.2　クーラーで部屋を冷やす

　外部と熱のやりとりがないような気体の圧縮・膨張を**断熱過程**という．断熱的な圧縮を**断熱圧縮**，断熱的な膨張を**断熱膨張**という．断熱過程の場合，熱力学第 1 法則では $Q = 0$ であるので

---

[1] 電磁波の詳細については第 23 章を参照．
[2] 電子レンジについては第 23 章で詳しく説明する．

$$\Delta U = W \tag{18.1}$$

となる．つまり，気体がされた仕事 W が直接内部エネルギーの増加[3]となることがわかる．また，断熱過程では，気体の圧力 P，体積 V，絶対温度 T の間には

$$PV^\gamma = \text{一定}, \qquad TV^{\gamma-1} = \text{一定} \tag{18.2}$$

が成り立つ．ここで，γ は気体によって決まる定数である．これらの関係から，気体の圧力と温度は，断熱圧縮では上昇し，断熱膨張では低下することがわかる．

> **問 18.3** 27℃の空気の体積を 1/10 に圧縮すると空気の温度は何℃になるか．空気の γ は 1.4 である．

　断熱圧縮の例や応用をあげておこう．宇宙船が大気圏再突入時に高温になるのは，空気の断熱圧縮によるものである．宇宙船はおよそ 7 km/s という高速で大気圏に再突入するので，空気は急激に圧縮され断熱圧縮となるのである．また，フェーン現象という気象現象も断熱圧縮で起こる場合がある．フェーン現象とは，気流が山を越えて降下するとき温度が上昇し，吹き下ろした付近が乾燥して気温が高くなる現象である．風が山を越えて降下するときに断熱圧縮を起こし，風の温度が上昇するのである．断熱圧縮の応用としては，ディーゼルエンジンがある．ガソリンエンジンでは，ガソリンと空気の混合気体を電気プラグのスパークで点火するが，ディーゼルエンジンでは軽油と空気の混合気体を断熱圧縮して点火するのである．

　断熱膨張の例としては，口をすぼめて息を吐くと息の温度が低下することがあげられる．連続の式とベルヌーイの定理から，口をすぼめて息を吐くと，口から出た息の圧力が低下することがわかる．したがって，すぼめた口から出た息は断熱膨張で温度が低下するのである．同様に，スプレーでも噴射する気体の温度は低下する．また，雲の発生も断熱膨張によるのである．地表付近の空気は暖められて上昇していく．その際，空気中の水蒸気は断熱膨張で温度が低下して，水蒸気は空気中の塵に貼り付いて小さな水滴となる．この小さな水滴が雲を構成する雲粒となるのである．

> **問 18.4** 断熱過程は圧縮・膨張のしかたに関係があるか．

---

[3] $W < 0$ の場合は，気体が外へ仕事をしたので内部エネルギーは減少する．

　クーラーは冷媒という物質を用いて室内から室外へ熱を移動させている．冷媒が室内の熱を吸収できるように，断熱圧縮と断熱膨張を利用して冷媒の温度を下げているのである．図18.1に冷媒の動きを示した．室内機の蒸発器では，室内の熱を低温の冷媒が吸収し冷媒は気体になる．室内の熱を吸収した冷媒は，圧縮器で断熱圧縮されて高圧高温になる．次に，凝縮器で冷媒が持っている内部エネルギーを室外に捨てる．つまり，室内で吸収した熱を外に捨てるのである．これによって，冷媒の温度が低下する．次に膨張弁で断熱膨張されて，冷媒は低圧低温の液体になる．この冷媒は室内の蒸発器に戻り，以上の過程を繰り返す．これが，クーラーが室内から室外へ熱を移動するしくみである．蒸発器で低温の冷媒を導入するために，膨張弁で断熱膨張を行う．このために圧縮器では断熱圧縮によって冷媒の圧力を高くしているのである．

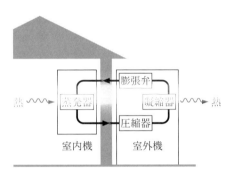

図18.1　クーラーのしくみ

第19章

エンジンの効率は 100%にできるか

　我々はエンジンを使用した乗り物をよく使用している．エンジンの効率が 100%
になればいいのであるが，不可能なことが知られている．これは，熱の性質による
ものである．ここでは，このような熱の性質について説明する．

19.1　熱機関
　自動車，飛行機，船といった乗り物はエンジンによって推進力を得ている．エン
ジンは，熱を仕事に変換する装置である**熱機関**のひとつである．熱機関は，主に気
体の膨張と収縮を利用して熱を仕事に変換する．最初に実用化された熱機関は蒸気
機関である．蒸気機関は，イギリスで 18 世紀半ばから 19 世紀にかけて起こった産
業革命を推し進めた熱機関である．

19.1.1　蒸気機関
　鉱山の掘削中には水が湧き出す．人力で水を排出するのは大変な重労働である．
そこで，湧水を排出するポンプを蒸気機関で動かすようになった．最初に実用化され
た蒸気機関は，イギリスの技術者ニューコメン（Thomas Newcomen, 1664-1729）
が発明した蒸気機関であった．ニューコメンの蒸気機関は，図 19.1 に示したよう
にシリンダーの下から高温の蒸気をシリンダー内に入れてピストンを持ち上げ，シ
リンダー内に水を入れて蒸気を冷やしてピストンを下げるしくみになっている．蒸
気は冷やすと水に戻り，体積が非常に小さくなる．そのため，シリンダー内の圧力
が低くなって，ピストンは下がるのである．しかし，ニューコメンの蒸気機関はす
ぐに止まってしまうという欠点があった．ニューコメンの蒸気機関は，シリンダー
の中に水を入れて蒸気を冷やしていたため，シリンダーの壁面が冷えてしまう．壁
面が冷えたシリンダーに高温の蒸気を入れると蒸気がすぐに冷えてしまい，ピスト

ンを持ち上げる威力がなくなって止まってしまうのである．ニューコメンの蒸気機関を改良したのが，イギリスの技術者ワット（James Watt, 1736-1819）である．ワットの蒸気機関は，シリンダーの中に水を入れず，シリンダーから蒸気を別の部屋に導いて冷やすようにしてある．こうすることで，シリンダーに入ってくる蒸気は高温を保ち，蒸気機関は止まることなく動くことができるようになったのである．ワットの蒸気機関はその後，蒸気機関車や蒸気船などに応用され，産業革命が発展して行った．

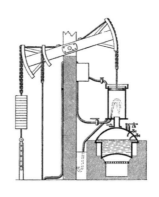

図 19.1　ニューコメンの蒸気機関

19.1.2　いろいろな熱機関

　我々に最も馴染みのある熱機関には，ガソリンエンジンとディーゼルエンジンがある．ガソリンエンジンは，ガソリンと空気の混合気体を燃焼させてピストンを押し上げ，燃焼した気体を外に排出して外気で冷やしている．ディーゼルエンジンは，軽油と空気の混合気体を用いるが，しくみはガソリンエンジンとほぼ同じである．このように，シリンダー内で燃料を燃焼させる熱機関を**内燃機関**という．

　あまり馴染みがないが，効率が非常によいスターリングエンジンというものがある．スターリングエンジンは，図 19.2 に示したようにシリンダーが 2 つあり，気体はシリンダー内に閉じ込めてある．一方のシリンダーでは，気体は熱せられて膨張してピストンを押す．このとき同時に，もう一方のシリンダーでは気体を冷やしてピストンを引く．このように 2 つのピストンは互い違いに動くようになっている．スターリングエンジンの特徴は，エンジンの外部で燃料を燃焼させることである．こ

のような熱機関を**外燃機関**という．スターリングエンジンは，ガソリンエンジンなどと比べると静音であるため，潜水艦の発電用のエンジンとして用いられている．

図 19.2 スターリングエンジン[1]

19.2 熱機関の効率と熱現象の性質

熱機関には共通する特徴がある．その熱機関の特徴は，熱を得る部分のほかに，必ず熱を捨てる部分が存在するということである．熱を得る部分だけしかないような熱機関は存在しないのである．

19.2.1 カルノーの研究

19 世紀初め，フランスはイギリスとの戦争で敗北する．当時フランス軍の技師だったカルノー（Nicolas Léonard Sadi Carnot, 1796-1832）は，敗北の原因をイギリスの蒸気機関の性能が高かったからであると結論した．そして，高性能の蒸気機関を作成するために，熱機関の理論的研究を行った．熱機関の性能は**熱効率**で表現でき，熱効率 η は次のように定義される．

$$\eta = \frac{W}{Q_{\mathrm{H}}} \tag{19.1}$$

ここで，Q_{H} は熱機関が高温熱源から得た熱，W は熱機関が外にした仕事である．また，低温熱源に捨てる熱を Q_{L} とすると，$W = Q_{\mathrm{H}} - Q_{\mathrm{L}}$ となるので，

---

[1] 写真提供：平田宏一

$$\eta = 1 - \frac{Q_\mathrm{L}}{Q_\mathrm{H}} \tag{19.2}$$

と表すことができる.

　カルノーは, 図 19.3 のようなカルノーサイクルとよ
ばれる理想的な熱機関を用いて理論的研究を行った. 図
19.3 中のサイクルの部分は, 気体の膨張・収縮をする部
分であるが, ここではブラックボックスにしてある. カ
ルノーサイクルは, 可逆過程のみで構成されている可逆
サイクルである. **可逆**とは, 他になんの痕跡も残さずに
元の状態に戻ることができることをいう. 可逆ではない
ことを**不可逆**という. 実在する熱機関はすべて**不可逆**サ
イクルである. したがって, 可逆サイクルであるカル
ノーサイクルの熱効率 η_C と実在する熱機関の熱効率 η
の関係は, $\eta_\mathrm{C} \geqq \eta$ となる. 等号が成り立つのは, 可逆サイクルの場合である.

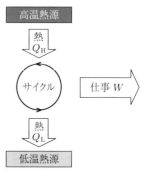

図 19.3　カルノーサイクルの概念図

　カルノーはこの研究で, Q_L を 0 にすることは絶対に不可能であり, 熱効率を 1
にすることはできないことを発見したのである. 熱を仕事に変換しても完全には変
換できず, 必ず熱が残るのである. 残った熱を再利用するには, なんらかのエネル
ギーを使って, 熱を高温熱源に戻さなければならない. 熱の再利用には余計にエネ
ルギーを必要とするため, 熱の再利用はできないのである. このことは, 熱という
エネルギーが質の低いエネルギー形態であるということを意味している.

19.2.2　不可逆な現象

　仕事から熱へは完全に変換できるが, 前述のようにその逆の変換は完全にはでき
ない. つまり, 仕事と熱の相互変換は不可逆的なのである. 熱現象はすべて不可逆
現象である. その他の不可逆現象には, 水にインクを 1 滴落とすとインクが拡散す
る現象や振り子などがある.

　仕事と熱の変換の不可逆性は, 当時の物理学者を悩ませた. なぜならば, 熱力学
第 1 法則を破っていないからである. このため, ドイツの物理学者クラウジウス
(Rudolf Julius Emmanuel Clausius, 1822-1888) は, もうひとつ法則を導入する
必要があると考えて, **熱力学第 2 法則**を導入した. 熱力学第 2 法則には様々な表現

がある. そのひとつであるクラウジウスの表現は, **クラウジウスの原理**とよばれており, 次のような表現である.

クラウジウスの原理   他になんの痕跡も残さずに, 熱は低温側から高温側へ移動することができない

また, もうひとつは**トムソンの原理**である.

トムソンの原理   他になんの痕跡も残さずに, ひとつの熱源から正の熱を受け取って, それをすべて仕事に変えることはできない

トムソンの原理に反する機関を**第二種永久機関**という. この例としては, 海水から熱を得て, それをすべて動力に変える船が考えられる. もちろん, このような機関は実現されていない. クラウジウスの原理もトムソンの原理も熱の不可逆性を表している. 他にもいくつか表現があり, 見かけは異なっているが, その意味はまったく同じである. 表現の違いはあるが, 熱力学第2法則とは, エネルギーの移動の方向性を表す物理法則なのである.

クラウジウスは, 熱力学第2法則を数学的に記述するために, 熱を温度で割った物理量を導入した. この物理量は**エントロピー**と名づけられた. カルノーサイクルの熱効率 η_C は, 高温熱源の温度を T_H, 低温熱源の温度を T_L とすると

$$\eta_C = 1 - \frac{T_L}{T_H} \tag{19.3}$$

となることが示される. 式 (19.2) と式 (19.3) と $\eta_C \geq \eta$ から

$$\frac{Q_H}{T_H} \leq \frac{Q_L}{T_L} \tag{19.4}$$

となる. カルノーサイクルでは等号が成り立ち, エントロピーが一定になっている. 式 (19.4) からわかるように, 可逆的な現象では等号が成り立ちエントロピーは変化しないが, 不可逆的な現象ではエントロピーは増大するのである. したがって, 熱力学第2法則は次のようにも表現できる.

エントロピー増大則   断熱的な不可逆現象では, エントロピーは増大する

| 問 **19.1**   式 (19.4) となることを示せ.

　クラウジウスが定義したエントロピーという量は難解であり，提案された当時誤解もされていた．オーストリアの物理学者ボルツマン (Ludwig Eduard Boltzmann, 1844-1906) は原子論の立場からエントロピーの正体を明らかにした．気体分子が非平衡状態から平衡状態へ移行する過程を解析し，エントロピーとは乱雑さを表す尺度であるということを見い出したのである．エントロピー S は

$$S = k \log W \tag{19.5}$$

と定式化された．ここで，k は**ボルツマン定数**で $k = 1.381 \times 10^{-23}\,\mathrm{J/K}$，$W$ はミクロの状態数である．これを**ボルツマンの原理**という．式 (19.5) から，ミクロの状態数 W の値が大きいほど（乱雑なほど）エントロピーの値は大きいことがわかる[2]．

　この宇宙で起こっている現象は不可逆現象であり，宇宙は乱雑さが増加する方向へ進んでいる．つまり，宇宙のエントロピーは増加しているのである．

---

[2] 例として，原子自体が磁石になっている金属を考える．すべての原子の N 極が上を向く状態は 1 通りだけなので $W = 1$ である．半数の N 極が上，残りの N 極が下を向く状態は何通りもあり，W は非常に大きな数になる．

第 20 章

静電気は厄介者か？

冬場に，金属のドアノブを触ると手に衝撃を受けたり，衣服が体にまとわりついたりする．これは静電気が原因である．このように，静電気は厄介なものである．ここでは，電気の正体，性質，応用についてみていく．そして，厄介な静電気も我々の生活を豊かにしてくれていることを知ることになる．

20.1 静電気と電流

20.1.1 電気現象と電荷

人類が初めて電気現象と出会ったのは，今からおよそ 2500 年前のことである．琥珀を毛皮で擦ると，琥珀は毛皮や羽毛などを引き寄せることが発見された．しかし，科学的な研究は行われず，手品のような見世物として用いられていた．科学的な研究が始まったのは，16 世紀後半になってからである．また，18 世紀後半には電気の科学的研究が進展する．科学的な研究から電気は 2 種類あることがわかった．つまり，電気現象の根源と考えられる実体である，**電荷**が 2 種類存在することがわかった．電荷は磁気現象の根源でもある．2 種類の電荷は**正電荷**と**負電荷**であり，それぞれプラスの電気とマイナスの電気である．これらの間には引力が働く．毛皮で擦った琥珀と毛皮が引き合うのは，それぞれが正電荷と負電荷を持ったためである．このように電気を持つことを帯電という．

帯電は負電荷を持つ電子の移動によって起こる．1 つの電子が持つ電荷の大きさは**電気素量**とよばれ，電気量の最小単位である．電気素量は 1.602×10^{-19} C という値で，C（クーロン）は電荷の単位である．物質を構成する原子は，負電荷を持つ電子と正電荷を持つ原子核からできており，負電荷と正電荷は同量になっている．このように，正電荷と負電荷が同量存在して電気を打ち消している状態を，電気的に中性という．原子核の質量は電子の数千倍もあるため，擦ると質量の小さい電子

がはぎ取られて移動する．電子が移動した先の物質は負に帯電し，電子がはぎ取られた物質は正に帯電するのである．

20.1.2　電荷に働く力

電荷間には力が働く．この力を**クーロン力**といい，その大きさ F は 2 つの電荷を q_1, q_2 とし，電荷間距離を r とすると

$$F = \frac{q_1 q_2}{4\pi\epsilon_0 r^2} \tag{20.1}$$

となる．これを**クーロンの法則**という．ここで ϵ_0 は**真空の誘電率**で，$\epsilon_0 = 8.854 \times 10^{-12}\,\mathrm{C^2/N \cdot m^2}$ である[1]．クーロンの法則は万有引力の法則とよく似ているが，異なる点がある．万有引力は引力のみであるが，クーロン力は引力と斥力が存在することである．同種電荷間では斥力，異種電荷間では引力が働く．

問 20.1　1 C の電荷どうしが 1 m 離れている場合，この電荷間に働く力の大きさを求めよ．

電荷 Q が存在するとその周りの空間は，電気的な性質を持つ**電場**という空間になる．電場の大きさ E は

$$E = \frac{Q}{4\pi\epsilon_0 r^2} \tag{20.2}$$

である．電場の大きさの単位は V/m または N/C である．大きさ E の電場中に電荷 q があると，この電荷には電場から力が直接働き，その力の大きさ F は

$$F = qE \tag{20.3}$$

となる．電場とはクーロン力を直接及ぼす空間なのである．

電場の様子は**電気力線**という線で表現することができる．電気力線は正電荷から出て，負電荷に入るように描く．また，電気力線は交差しない．各点での電気力線の接線方向が，電荷が電場から受ける力の方向となる．図 20.1 に電気力線の例を示す．電場中に電荷を置くと，電荷は電場から力を受けて動く．動いている電荷を**電流**という．

---

[1] $1/4\pi\epsilon_0 = 8.988 \times 10^9\,\mathrm{N \cdot m^2/C^2}$

図 20.1 電気力線

20.2 物質と電気

20.2.1 物質の電気的性質

　物質は，電気を通すか通さないかで分類することができる．電気を通す物質を**導体**，通さない物質を**絶縁体**という．電気の通しにくさは**電気抵抗**という量で表し，その単位には Ω（オーム）を用いる．導体は電気抵抗が小さい物質で，絶縁体は電気抵抗が非常に大きい物質である．導体の典型的な例は金属であり，その内部には自由に動ける**自由電子**が存在している．導体中を電気が流れるのは，自由電子が存在するからである．絶縁体には自由電子が存在しないため，電気を通すことができないのである．

　電流の大きさは 1 秒間に移動する電荷量で，その単位には A（アンペア）を用いる．定義からわかるように，A は C/s である．電流の向きは正電荷が移動する向きと定義される．導体に電流が流れるとき，導体中の自由電子は電流の向きと逆向きに移動する．電流は電位差があると流れる．電場内で定義される，クーロン力による位置エネルギーを**電位**といい，電位の差を**電位差**という．電位差は**電圧**ともいい，V（ボルト）を単位に用いる．

　絶縁体は電流を通さないが，電圧が非常に大きい場合は絶縁破壊を起こし電流を

通す．このように電流が流れる現象を**放電**という．冬場に金属のドアノブを触ると
バッチっと火花が飛ぶことがあるが，これも放電である．このとき，ドアノブと手
の間の電位差はおよそ 3 万 V もある．雷も同様の現象である．雷の電位差は数百万
V から数億 V もある．

> **問 20.2**　金属のドアノブに触ったときに，3 万 V 程度の放電が起こっても体にはダメー
> ジがないのはなぜか．

20.2.2　物質の静電気現象

　帯電体を物体に近づけると引き合う．これは物体に静電誘導という現象が起きた
ためである．**静電誘導**とは，帯電体を物体に近づけると，物体の帯電体に近い部分
に帯電体と逆符号の電荷が現れ，遠い部分に同符号の電荷が現れる現象である．静
電誘導はどのように起きるのか，導体と絶縁体についてみていこう．

　導体での静電誘導は，帯電体と導体内の自由電子との間のクーロン力によって自
由電子が移動することで起こる．例えば，図 20.2 に示したように，正に帯電した
帯電体に近い導体の部分には自由電子が集まって負電荷が現れ，自由電子がいなく
なった帯電体から遠い部分には正電荷が現れるのである．

図 20.2　導体の静電誘導

　帯電体を絶縁体に近づけた場合は，導体とは異なる現象が生じる．帯電体に近い
部分の原子・分子は**分極**を起こす．分極とは原子・分子内の電子が偏り，原子・分
子に正電荷と負電荷が現れる現象である．図 20.3 には原子の分極の様子を示して
いる．帯電体に近い絶縁体の表面は，分極によって帯電体と逆符号の電荷が現れる．
表面の原子・分子が分極すると，次の層の原子・分子は上の層の分極した原子・分

子によって同様に分極する．その次の層の原子・分子も同様
に分極する．このような分極は帯電体から遠い表面の原子・
分子まで及び，帯電体から遠い面には帯電体と同符号の電荷
が現れる（図20.4）．絶縁体の静電誘導は原子・分子の分極で
起こるので，**誘電分極**ともいう．このように，静電誘導は導
体も絶縁体も電荷が偏るという同じ現象であるが，そのメカ
ニズムは導体と絶縁体では異なるのである．

図 20.3　原子の分極

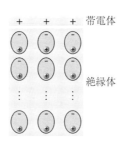

図 20.4　誘電分極

20.3　静電気の応用

　冬にセーターを脱ぐときバチバチ音がすることがある．発生した静電気のためで
ある．また，金属のドアノブを触るとバチッと手に衝撃を受けたりするのも静電気
のためである．静電気は厄介なものであるが，我々の生活を豊かにする応用もある．
コピー機，レーザープリンタ，空気清浄機，スマートフォンやタブレットのタッチ
パネルなどがその例である．

　コピー機では，コピーしたい原稿に光を当てて，その反射光を感光ドラムに当て
る．感光ドラムとは，特殊な物質でできている円筒形の装置である．感光ドラムは，
その表面に正電荷を帯電でき，そこへ光が当たると，光が当たったところの正電荷
が消えるという性質を持っている．図20.5のように，原稿からの反射光を感光ド
ラムに当てると，原稿の文字など黒い部分の正電荷だけが感光ドラム上に残る．そ
こへトナーをつけると，感光ドラムの正電荷を帯びている部分，つまり，原稿の文
字などの部分に静電誘導でトナーが付着する．トナーが付着した感光ドラムを紙の
上で回転させると，紙にトナーが移り，トナーを定着させるとコピーが完成する．

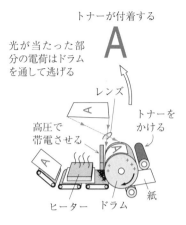

図 20.5　コピー機

レーザープリンタも同様のしくみである.

　タッチパネルは様々な方式が存在するが, スマートフォンやタブレットで用いられているタッチパネルは, 静電容量方式のタッチパネルである. 静電容量方式タッチパネルでは, 透明な X 電極と Y 電極を重ねて, 表面をガラスやプラスチックなどのカバーで覆っている（図 20.6）. 表面に指を近づけると, その位置の電極間の電気量が変化する. この電気量の変化を感知することで, 位置を特定することができるようになっているのである.

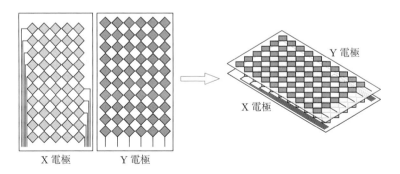

図 20.6　タッチパネル

第 21 章

磁気とはなんだろう

磁石を用いたものには，冷蔵庫の扉，バッグの留め金，スピーカー，マイク，モーター，ハードディスクなど我々の周りに多く存在する．では，磁気とはなんであるか．その起源とその性質，応用例などをみていく．

21.1 磁気について

21.1.1 磁力と磁場

人類が磁気現象に出会ったのは，今からおよそ 2500 年前のことである．ギリシャのマグニシア地方から産出する鉱石が，磁気現象を示すことが発見されたのである．しかしながら，科学的研究が行われたのは，16 世紀後半になってからである．

磁石には，磁力が強く働く 2 つの磁極，N 極と S 極がある．同種の磁極間では斥力，異種磁極間では引力が働く．磁力は，**磁場**とよばれる空間から直接及ぼされる．磁場の様子は，**磁力線**で表すことができる．磁力の方向は，各点での磁力線の接線方向となる．また，磁力線は閉曲線となっていて，図 21.1 のように，磁石の周りの磁力線は N 極から S 極へ向かう．

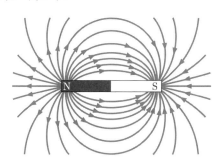

図 21.1 磁石の周りの磁場

21.1.2　物質の磁性

　物質は磁気的な性質によって分類することができる．物質を磁場中におくと磁化される．このとき，磁場の向きに強く磁化されて，磁石になる物質を**強磁性体**という．鉄，コバルト，ニッケルといった金属がその代表的な例である．磁場の向きに弱く磁化される物質を**常磁性体**という．アルミニウムや酸素がその例になる．磁化されるが弱くて磁石につかない物質である．磁場と逆向きに弱く磁化される物質を**反磁性体**という．水や銅がその例である．水は強力な磁場があると，磁場と反発するのである．

　磁化はどのように起こるのだろうか．ここでは，強磁性体の場合をみていこう．電子は，スピンという電子の自転に対応する性質を持ち[1]，電子自身が小さな磁石になっている．そのため，原子自身が磁石になっている場合がある．磁石になっている原子は，熱運動のために磁石が様々な方向を向いて乱雑に動いている．そのため磁気は打ち消しあって，磁気を持たない状態になっている．磁場中に置くと，原子の磁石の向きが揃って磁化されるのである．

> **問 21.1**　磁化した強磁性体は，温度が上昇するとどうなるか．

21.2　磁気と電気の関係

21.2.1　電流の磁気作用

　1820 年，デンマークの物理学者・化学者エルステッド（Hans Christian Ørsted, 1777-1851）は電流で磁気が生じることを偶然に発見した．それを知ったフランスの物理学者ビオ（Jean-Baptiste Biot, 1774-1862）とサバール（Félix Savart, 1791-1841）は，この現象を精密に研究し，電流がつくる磁場の向きと大きさを決める**ビオ-サバールの法則**を 1820 年に提出した．また，フランスの物理学者・数学者アンペール（André-Marie Ampère, 1775-1836）も独立に同様の法則，**アンペールの法則**を同年に提出している．彼らにより，電流はその周りに同心円状の磁場をつくり，磁場の向きは電流の向きへ進む右ネジの回転の向きとなることが明らかにされた (図 21.2)．

　ビオ-サバールの法則[2]については割愛するが，アンペールの法則は次のように表現できる．

---

[1] スピンは量子効果で，実際には自転はしていない．
[2] 「電流 I の微小部分を Ids とすると，その Ids が r だけ離れた位置につくる磁場の大きさ dB は，Ids に比例し，r^2 に反比例する」と表現できる．

アンペールの法則 閉曲線上の各点での磁場の総和は，その閉曲線の内部を貫く電流の総和に比例する

アンペールの法則を用いると直線電流 I から距離 r の位置での磁場の大きさ $B^{3)}$ は

$$B = \frac{\mu_0 I}{2\pi r} \tag{21.1}$$

となる．ここで，μ_0 は**真空の透磁率**で，$\mu_0 = 4\pi \times 10^{-7} \text{ N/A}^2$ である．磁場の大きさの単位は N/A·m であるが，これを T（テスラ）として用いる[4)].

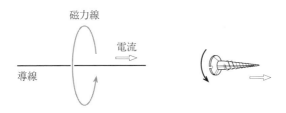

図 21.2 電流がつくる磁場の向き

電流の磁気作用の応用としては，電磁石やそれを応用したスピーカーなどがある．スピーカーは，コーン紙の中央にコイルを巻いた電磁石が付いていて，その周りを磁石が囲んでいる (図 21.3)．コイルには音声信号の電流が流れ，それに合わせて磁気の強さが変わる電磁石となる．その電磁石とそれを取り囲む磁石との作用によってコーン紙が振動して音が出るしくみになっている．

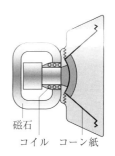

磁石

コイル コーン紙

図 21.3 スピーカー

問 21.2 図 21.4 のようにコイルに電流が流れると磁場が生じる．生じる磁場の向きはどうなるか．

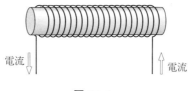

電流 電流

図 21.4

---

3) 正確には磁束密度という．

4) 磁場の大きさの単位として，G（ガウス）も用いることがある．1 G $= 10^{-4}$ T である．

電流の磁気作用からわかるように，磁気の源は動く電荷である．電子のスピンは電子上で電荷が回転しているものと考えられ，これが電子自体が小さな磁石になっている理由となる．それゆえ，電荷は電気現象および磁気現象の根源と考えられる実体なのである．

21.2.2　ローレンツ力

運動する荷電粒子は磁場から**ローレンツ力**という力を受ける．大きさ B の磁場中を，速さ v で運動する電荷 q の粒子に働くローレンツ力の大きさ F は

$$F = qvB \tag{21.2}$$

となる．したがって，磁場中の電流は磁場から力を受けるのである．力，電流，磁場の3つの方向は互いに直交する．これらの向きの関係を簡単に知るための法則が，図21.5 に示した**フレミングの左手の法則**である．この力を応用したのがモーターである．モーターは，回転軸にコイルが巻いてあり，その周りを磁石がとり囲んでいる．コイルに電流が流れると，電流は磁場から力を受けて回転軸が回転するしくみになっているのである（図21.6）．

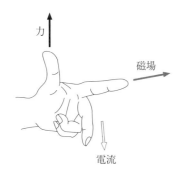

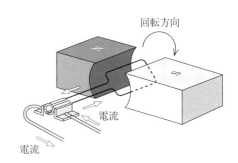

図 21.5　フレミングの左手の法則　　　　**図 21.6**　モーター

第22章

家庭に電気が届くまで

　家庭ではコンセントにプラグを差し込むだけで電気を使用することができる．この電気はどのようにつくられて，どのように家庭まで届けられるのだろうか．ここでは，発電の方法と送電の方法について説明する．そこで，なぜ家庭では交流電流が使用しているかがわかる．

22.1　電磁誘導と発電

　イギリスの化学者・物理学者であるファラデー（Michael Faraday, 1791-1867）は 1831 年に，変動する磁場中の回路に電流が生じることを発見した．この現象を**電磁誘導**という．電磁誘導では，磁場の時間的変化により誘導起電力という電圧が生じる[1]．これは，ファラデーの電磁誘導の法則にまとめられている．

ファラデーの電磁誘導の法則　誘導起電力は，磁場の時間変化率に比例する

電磁誘導で回路に生じる電流の向きは**レンツの法則**で決まる．

レンツの法則　回路に生じる電流は，磁場の変動を打ち消す磁場をつくる向きに生じる

　図 22.1 のように，コイル状の回路の中に棒磁石を落下させたとき，生じる電流の向きをレンツの法則で決めてみよう．回路に磁石の N 極が近づくとき，回路では下向きの磁場が増大する．下向きの磁場の増大を打ち消すように，回路には上向きの磁場をつくる電流が生じるのである．電流の向きは，右ネジが進む向きであることから決定できる．また，回路から磁石の S 極が遠ざかるとき，回路では下向きの磁場が減少していく．下向きの磁場の減少を打ち消すように，回路には下向きの磁場をつくる電流が生じるのである．このように，回路は自分がおかれている磁場が

---

[1] 電圧，つまり電位差が生じるということは電場が生じているのである．

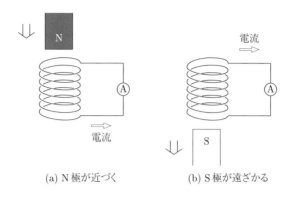

(a) N 極が近づく　　　　　(b) S 極が遠ざかる

図 22.1　電磁誘導

変動することを嫌って元の磁場を保持するように電流を流すのである.

> **問 22.1**　回路に磁石の S 極が近づくとき, また N 極が遠ざかるとき, どのような向きに電流が流れるか.
>
> **問 22.2**　電磁誘導で電流を発生させるためには, 変動する磁場が必要である. なぜ, 磁場を変動させる必要があるのだろうか.

22.2　電磁誘導の応用

　電磁誘導の応用には, 発電機や非接触型 IC カードがある. 発電機は, 回転軸に磁石が取り付けられていて, その周りにはコイルが配置されている. 磁石が回転するとコイルの磁場が変動し, コイルに電流が生じるのである. 火力発電, 水力発電, 風力発電, 原子力発電などでは, 電磁誘導で発電が行われているのである.

　Suica, manaca, ICOCA などの交通系 IC カードが, 非接触型 IC カードの例である. 非接触型 IC カードの内部には, 図 22.2 のように IC カードの周囲にコイルが張ってあり, それが IC チップに繋がっている. IC チップは小型のコンピュータであるので, 起動するためには電流が必要となる. しかし, IC カードには電池が入っていない. IC カードは電磁誘導を利用して, 電流を得ているのである. IC カードをタッチする装置では変動する磁場が発生しており, IC カードをタッチすると, IC カード内のコイルに電流が生じるのである.

　電磁誘導は金属板でも起こる. 金属板に生じる電流は渦状で, **渦電流**とよばれる.

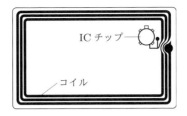

図 22.2 非接触型 IC カードの内部

渦電流の向きもレンツの法則で決まる．例えば，アルミ板の上を磁石の N 極がアルミ板に沿って移動すると，図 22.3(a) のように磁石の前後に渦電流が生じる．また，アルミ板に上から磁石の N 極を近づけると，図 22.3(b) のように渦電流が生じる．渦電流を応用したものには，IH 調理器がある．IH 調理器は，変動する磁場を発生させ，鍋底に生じる渦電流で熱を発生させるようになっているのである．電流が導体中を流れると熱が発生する．この熱を**ジュール熱**という．その熱量 Q は，電流を I，電流が流れた時間を t，導体の電気抵抗を R とすると

$$Q = RI^2 t \tag{22.1}$$

となる．IH 調理器は渦電流によるジュール熱で調理を行うのである．

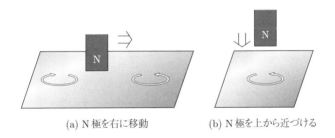

(a) N 極を右に移動   (b) N 極を上から近づける

図 22.3 渦電流

問 22.3 アルミ板に磁石の S 極を上から近づけたり遠ざけたりするとき，どのような渦電流が生じるか．

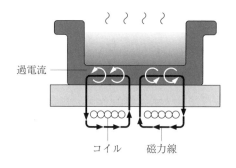

過電流

コイル　磁力線

図 22.4　IH 調理器

22.3　送電の方法

22.3.1　高電圧で送電する理由

　送電の際，考慮しなければならないことが2つある．電力を一定にして送電することと，電気エネルギーの消失をできるだけ小さくすることである．ここで**電力**とは，電流が単位時間にする仕事である．つまり電力とは電流の仕事率であるので，電力の単位はW（ワット）を用いる．電圧をV，電流をIとすると，電力Pは

$$P = VI \tag{22.2}$$

となる．

　電気エネルギーは，送電の際にジュール熱としてその一部が消失してしまう．送電の際に生じるジュール熱を小さくするためには，式 (22.1) からわかるように，電気抵抗と電流を小さくしなければならない．したがって，電気抵抗が小さい物質で送電線をつくることが必要となる．常温で最も電気抵抗が小さい物質は銀である．しかし，銀は高価なので，送電線に用いるのは現実的ではない．銀の次に電気抵抗が小さい物質は銅である．銅は，銀ほど高価ではないので，送電線の材料として用いられているのである．さらに，発熱量は電流の2乗に比例するので，送電時に電流の値を小さくする必要がある．しかし，式 (22.2) からわかるように，電流を小さくすると電力が小さくなってしまう．電流を小さくしても，同じ電力を維持するためには，電圧を高くしなければならないのである．このように，電力一定で電気エネルギーの消失を小さくするために，高電圧で送電しなければならないのである．高圧電線の鉄塔を見かけることがあるが，最大50万Vで送電し，我々の家の近く

にある電線でも 6600 V で送電しているのである.

22.3.2 家庭用電流が交流である理由

　家庭では，主に電圧 100 V の電気を使用している. 上述のように，我々の家の近くでも 6600 V という高電圧で電流が流れているので，家庭で使用できるように電圧を 100 V に変換しなければならない. その変換を行う装置は，変圧器またはトランスをよばれていて，そこでは相互誘導という物理現象を利用して電圧の変換 (変圧) を行っている. **相互誘導**とは，複数の回路があり，その 1 つの回路の電流が変動したとき，他の回路に電流が生じる現象である. 変圧器の内部は図 22.5 のように，鉄心に 2 つコイルが巻かれている状態になっている. 相互誘導では，コイルの

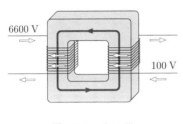

6600 V

100 V

図 22.5 変圧器

巻数と電圧に関係があり，入力側のコイルの巻数を N_1，電圧を V_1，出力側のコイルの巻数を N_2，電圧を V_2 とすると

$$\frac{V_1}{N_1} = \frac{V_2}{N_2} \tag{22.3}$$

となる.

> **問 22.4**　6600 V の電流を 100 V に変換する場合，6600 V 側のコイルの巻数を 660 とすると 100 V 側のコイルの巻数はいくらにする必要があるか.

　図 22.5 の左のコイルに 6600 V の電流が流れてくると，鉄心が電流の磁気作用によって磁石になる. そして，右のコイルに電流が流れるのである. 右のコイルに定常的に電流を流すためには，電磁誘導の法則からわかるように，磁場は変動しなければならない. したがって，変圧を行うためには変動する電流でなければならないのである. そのため，家庭で使用する電流は，周期的に電流の向きが変わる交流電流を使用しているのである.

　送電線は電気抵抗が小さい銅でできている．もしも電気抵抗が 0 である物質で送電線を作ることができれば，電気エネルギーの消失はまったくなくなる．したがって，交流電流を用いる必要はなくなるのである．現在，我々が使用している電子機器をはじめとする多くの電化製品は直流で動作するものが多い．このような機器を動かす場合，交流電流を直流電流に変換して使用しているのである．

　超伝導という物理現象がある．これは，極低温のある温度で電気抵抗が一気に 0 になる現象である．超伝導を起こす物質を超伝導体という．ただし，すべての物質が超伝導を起こすわけではなく，超伝導を起こす物質と起こさない物質がある．超伝導を起こす温度は，物質によって決まっており，臨界温度という．最初に発見された超伝導体は水銀で，4.2 K で超伝導を起こす．その他の超伝導体の臨界温度は，アルミニウムが 1.2 K，ニオブが 9.2 K である．超伝導は極低温で起こる現象であるが，もし常温で超伝導を起こす物質が見つかれば，まったく電気エネルギーの消失がない送電が可能となる[2]．さらに，交流電流ではなく直流電流を直接送電できるのである．

---

[2] 液体窒素の沸点 77 K 以上で超伝導を起こす物質を高温超伝導体という．

第23章

電子レンジはどのように食品を 温めるのか

電子レンジは，マイクロ波という電磁波を用いて食品を温める家電製品である．ここでは電磁波の性質，発生，応用などについて説明し，電子レンジはどのように食品を温めるかについて説明する．

23.1 電磁波とはなにか

イギリスの物理学者マクスウェル（James Clerk Maxwell, 1831-1879）は，電気と磁気を統一して，電場と磁場に関する4つの方程式の組にまとめた．この方程式の組を**マクスウェル方程式**という．マクスウェル方程式は，電磁気学の基礎方程式である．マクスウェル方程式をまとめる際，マクスウェルはアンペールの法則を，変動する電場でも磁場が生じると拡張した[1]．これを**アンペール-マクスウェルの法則**という．1864年，マクスウェルは，マクスウェル方程式から電場と磁場の振動がともに空間を伝わる波動である電磁波の存在を数学的に予言した．そして，1888年にはドイツの物理学者ヘルツ（Heinrich Rudolf Hertz, 1857-1894）が，電磁波が存在することを実験によって示した．

電磁波は空間を伝わるので媒質はない．図23.1のように，電磁波は電場と磁場の振動面が直交して伝わる横波である．真空中を電磁波が伝わる速度は，光の速度と同じで，約30万km/sである[2]．

---

[1] アンペールの法則は「閉曲線上の各点での磁場の総和は，その閉曲線の内部を貫く電流と電場の時間変化率の総和に比例する」と拡張される．

[2] 正確な値は p.46 の脚注にある．

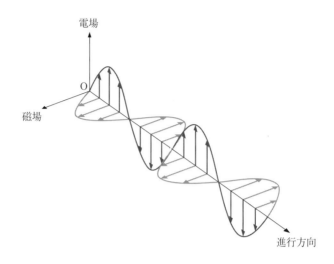

図 **23.1**　電磁波

23.2　電磁波の分類と利用

　電磁波は，その波長（もしくは振動数）によって分類されている（図23.2）．波長によって分類し波長の短い方から並べると，γ線（＜0.01 nm），X線（0.01〜1 nm），紫外線（1〜380 nm），可視光線（380〜800 nm），赤外線（800〜100000 nm），電波（0.1 mm＜）となる．さらに電波は，マイクロ波，超短波，短波，中波，長波などと分類されている．

　電磁波は，我々の生活には必要不可欠な存在になっており，様々な応用がある．γ線は医療に用いられている．PET（Positron Emission Tomography：陽電子断層

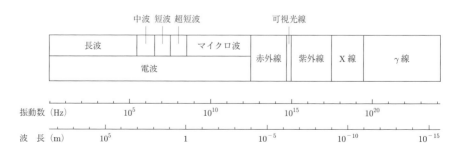

図 **23.2**　電磁波の分類

法）という癌の検査方法がある．PET では，癌に付着
して陽電子と電子の対消滅[3]を起こす薬を用いる．対
消滅で発生する γ 線を検出して，癌の位置を特定する
ことができるのである．X 線は，透過性が良いため，
レントゲン写真や空港などの手荷物検査に用いられて
いる．X 線は 1895 年にドイツの物理学者レントゲン
（Wilhelm Conrad Röntgen, 1845-1923）によって発
見された電磁波である．図 23.3 はレントゲンが初めて
撮ったレントゲン写真である．レントゲンは，X 線の

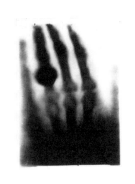

図 23.3　*初のレントゲン写真*

発見で，1901 年第 1 回のノーベル物理学賞を受賞している．

　紫外線は，殺菌や滅菌の効果があり，殺菌灯などの応用例がある．赤外線は，家
電製品のリモコン，サーモグラフィー，自動ドアや防犯用のセンサーなどに利用さ
れている．マイクロ波は，レーダー，電子レンジ，無線 LAN，テレビ，携帯電話
などで利用されている．電子レンジと無線 LAN は同じ振動数のマイクロ波を利用
するので，作動中の電子レンジの近くでは無線 LAN が途切れたり遅くなり，無線
LAN を正しく使用できなくなることがある．マイクロ波以外の電波は，超短波が
FM ラジオ，短波が船舶・航空機通信，中波が AM ラジオ，長波が電波時計などに
利用されている．

23.3　電磁波の発生

　電磁波は，電荷が振動するとその周りに振動する磁場が生じ，その振動する磁場
の周りに振動する電場が生じ，その振動する電場の周りに振動する磁場が生じ，と
いうように伝わっていく．交流電流からは電波が生じる．

　分子の熱運動でも電磁波が生じる．特に分子の振動運動では赤外線，分子の回転
運動ではマイクロ波が主に生じる．熱運動が激しくなって高温になると可視光線も
生じる．鉄を熱すると赤くなるのはそのためである．これは第 18 章で扱った熱放
射である．物体から放射される電磁波の波長または振動数に対する強度分布は絶対
温度のみで決まる場合を**黒体放射**という．黒体放射は**プランクの式**で記述すること

---

[3] 第 28 章を参照．

ができる．図 23.4 はいくつかの絶対温度に対してプランクの式をグラフにしたものである．太陽の表面温度は約 6000 K であるので，太陽からやってくる電磁波の主な成分は可視光線であることがこの図からわかる．

波長の短い X 線や γ 線は，それぞれ荷電粒子の加速度運動，原子核の γ 崩壊[4]などで生じる．

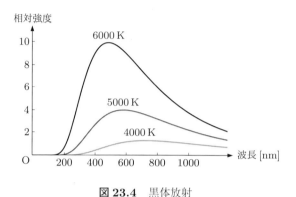

図 23.4　黒体放射

23.4　電子レンジのしくみ

電子レンジは，2.45 GHz のマイクロ波を食品に照射して，食品を温める家電製品である．電子レンジは，レーダーの研究をしていた技術者が開発したものである．レーダーの研究をしていた技術者が，レーダーを使用するとポケットに入れておいたチョコレートが溶けることに気づき，マイクロ波が食品を温めることを見つけたのである．

> **問 23.1**　電子レンジで使用されているマイクロ波の波長は約何 cm か求めよ．

電子レンジは水分を含まない物質を温めることはできない．水分子 H_2O は，電子を引き寄せる力が強い酸素原子のため，分子内の電子が酸素原子に偏っている．つまり，分子が分極しているのである．このような分子を**極性分子**という．極性分子が電磁波を吸収すると，電磁波の振動電場によって分子が振動や回転を起こす．食品内の水分子は密集した状態で，動きにくい状態になっている．したがって，小

---

[4] 第 24 章を参照．

さい振動数の電磁波を水分子が吸収しても回転運動は起きない．また，大きい振動数の電磁波を吸収した場合も，電場の振動に追随できず回転運動は起きない．このように電磁波の振動数が小さい場合と大きい場合には，熱は生じない．この中間の振動数の場合は，水分子は電磁波の振動に追随して遅れて回転運動を起こす．この現象を**誘電緩和**という．このとき，周りの水分子との摩擦抵抗のために熱が生じるのである．このように電子レンジでは，2.45 GHz のマイクロ波を用いて水分子の誘電緩和で食品の温度を上昇させているのである．したがって，水分を含まない食器類はほとんど温まらないのである．

問 23.2 600 W の電子レンジが 50 秒かかる調理を，1500 W の電子レンジで行うと何秒かかるだろうか．

第 24 章

原子核と放射線

2011 年 3 月 11 日の東北地方太平洋沖地震と津波による福島第一原子力発電所の事故後，身のまわりの放射線を気にする人々が増えた．原発事故当時は，放射線強度を測定することがちょっとしたブームとなった．ここでは，放射線とその源となる原子核について説明する．

24.1 原子核

原子は，正電荷を持つ原子核と負電荷を持つ電子で構成されている．原子核の質量は電子の数千倍もあり，原子核は原子の質量のほとんどを占めている．原子核は正電荷を持つ陽子と電荷を持たない中性子からなる複合粒子である．原子核を構成している陽子の数を原子番号といい，陽子数と中性子数の和を質量数という．元素記号 X に原子番号 Z と質量数 A を明記する場合は，^A_ZX と書く．例えば，原子番号 92 で質量数 235 のウランは $^{235}_{92}$U または ^{235}U と書き，ウラン 235 と読む．原子番号が同じで質量数が異なる原子核を**同位体**という．同位体は，放射線を出さない**安定同位体**と放射線を出す**放射性同位体**の 2 種類に分類される．元素の中にはすべての同位体が放射性同位体であるものもあり，そのような元素は**放射性元素**とよばれている．

24.2 放射性崩壊と放射線

原子核は複合粒子なので，いくつかの断片に分裂したり，他の原子核に変わることがある．もともとエネルギー的に不安定である放射性同位体は，余分なエネルギーを放出して別の原子核に変わることがある．これを**放射性崩壊**という．余分なエネルギーは放射線として放出される．**放射線**とは，原子核などから放出される粒子や電磁波である．放射線を出す能力を**放射能**という．放射能を表す単位として

Bq（ベクレル）がある．Bq は，1 秒間に崩壊する原子核の個数を表す．また，Sv（シーベルト）という単位もよく聞くが，これは人体に影響を与える放射線の線量を表す単位である．胸部 X 線診断では 1 回で 0.05 mSv だけ被爆する．

放射性崩壊には，α 崩壊，β 崩壊，γ 崩壊の 3 つの崩壊がある．**α 崩壊**は，α 線という放射線を放出して，原子番号が 2 だけ小さく質量数が 4 だけ小さい原子核に変化する崩壊である．α 線は，陽子 2 個と中性子 2 個からなる複合粒子で，ヘリウム 4 の原子核（$^4_2\mathrm{He}$）である．α 崩壊としては次の例がある．

$$^{226}_{88}\mathrm{Ra} \rightarrow {}^{222}_{86}\mathrm{Rn} + {}^4_2\mathrm{He} \tag{24.1}$$

β 崩壊は，β 線を放出して原子番号が 1 だけ大きい原子核に変化する崩壊である．このとき質量数は変化しない．β 線の正体は高速の電子である．原子核内では次の反応が起こっている．

$$\mathrm{n} \rightarrow \mathrm{p} + \mathrm{e} + \bar{\nu}_\mathrm{e} \tag{24.2}$$

ここで，n は中性子，p は陽子，e は電子，$\bar{\nu}_\mathrm{e}$ は反電子ニュートリノという素粒子である．つまり，β 崩壊では，原子核内の中性子が陽子に崩壊しているのである．β 崩壊の例としては次のような崩壊がある．

$$^{14}_6\mathrm{C} \rightarrow {}^{14}_7\mathrm{N} + \mathrm{e} + \bar{\nu}_\mathrm{e} \tag{24.3}$$

γ 崩壊は，γ 線を放出するが，原子核自体は変化しない崩壊である．これは，原子核がエネルギー的に不安定になっていて，エネルギーを γ 線として放出してエネルギー的に安定な状態に変化する過程である．γ 線は第 23 章でみたように電磁波である．

原子核の放射性崩壊は，特別な現象ではなく，我々の身のまわりでも起こっているのである．自然界に存在している放射線を**自然放射線**といい，我々は常に自然放射線を被曝しているのである．1 年間の自然放射線被曝量は 2.4 mSv 程度である．その内訳は，空気中のラドンなどから 1.26 mSv，大地から 0.48 mSv，宇宙から飛来する放射線である**宇宙線**から 0.39 mSv，食物から 0.29 mSv である．被曝量 100 mSv を超えると，健康に被害が出てくると言われている．したがって，放射線を過剰に気にする必要はないのである．

24.3　核分裂

　質量数の大きい原子核に中性子が当たると，原子核が 2 つ以上に分裂することがある．このとき，中性子と大きなエネルギーが発生する．この現象を**核分裂**という．例えば，ウランの放射性同位体のひとつである ^{235}U は

$$^{235}\mathrm{U} + \mathrm{n} \ \rightarrow \ ^{92}\mathrm{Kr} + \ ^{141}\mathrm{Ba} + 3\mathrm{n} \tag{24.4}$$

と核分裂を起こす．核分裂が起こると，分裂後の質量は分裂前と比べると少々減少する．減少した質量を**質量欠損**という．これは第 25 章で述べるエネルギーと質量の等価性によって，つまり

$$E = mc^2 \tag{24.5}$$

によって減少した質量 m がエネルギー E に変わるのである．ここで c は光速である．また，核分裂によって発生する中性子は他の原子核に衝突し，核分裂は連続的に起こる．これを**連鎖反応**という．例えば，式 (24.4) に示した ^{235}U の核分裂では，1 個の ^{235}U が核分裂すると 3 個の中性子が飛び出す．その中性子は 3 個の ^{235}U を核分裂させて，全部で 9 個の中性子が飛び出す．そして，その中性子は 9 個の ^{235}U を核分裂させて，全部で 27 個の中性子が飛び出す．このように爆発的に核分裂反応が連鎖していくのである．このような連鎖反応が一瞬のうちに進むと，核分裂反応から莫大なエネルギーが発生するのである．これを利用したものが原子爆弾である．原子力発電も ^{235}U の核分裂で生じるエネルギーを利用している．原子力発電の場合は，^{235}U の核分裂で飛び出す中性子の数を減らして，連鎖反応が定常的に起きるように制御しているのである．連鎖反応が定常的に起きている状態を**臨界**という．

　原子力発電で用いる核燃料には ^{235}U と ^{239}Pu があり，通常の原子炉では ^{235}U を用いる．つまり，通常の原子力発電では式 (24.4) の核分裂反応を利用しているのである．自然界のウランは，核分裂しにくい ^{238}U が約 99%，核燃料になる ^{235}U が約 0.7% という割合で存在している．核燃料として用いるためには，^{235}U が数% になるように濃縮しなければならない．こうして作成した核燃料で原子力発電を行っているのである．

　核分裂反応が終了した核燃料を使用済み核燃料といい，その中には様々な放射性物質が存在する．そこには，核燃料となり得る ^{239}Pu も 1% ほど存在する．使用済

み核燃料中の ^{239}Pu を取り出し，核燃料として再利用することができるのである．使用済み核燃料から得られる ^{239}Pu と ^{238}U の酸化物から **MOX 燃料**[1]とよばれる核燃料をつくることができる．MOX 燃料は通常の原子炉で使用することができる．このような使用済み核燃料を再利用する計画を，**プルサーマル計画**[2]という．また，^{239}Pu と ^{238}U とで作成した核燃料を Pu の核分裂で発電する**高速増殖炉**に用いると，^{238}U は中性子を吸収して β 崩壊を 2 回起こした後，核燃料にできる ^{239}Pu になるのである．しかも，消費した量以上の ^{239}Pu が生じるのである．しかし，どの国でも高速増殖炉がうまくいかずに計画は頓挫している[3]．

> **問 24.1**　1g の ^{235}U が式 (24.4) の核分裂反応を起こした場合，どれだけのエネルギーを放出するか求めよ．ただし，この反応の質量欠損は 3.575×10^{-23} g であり，1g の ^{235}U 原子の個数は 2.562×10^{21} 個である．

> **問 24.2**　高速増殖炉で ^{238}U が ^{239}Pu に変化する反応式を書け．

24.4　核融合

2つの原子核を高速で衝突させると 1 つの原子核になることがある．これを**核融合**という．正電荷を持つ原子核どうしを衝突させるので，クーロン斥力に打ち勝つように高速で，つまり大きな運動エネルギーを持って衝突しなければ核融合は起こらないのである．核融合の前後の質量を比較すると，核融合後は質量が減少する．この減少分は式 (27.2) によってエネルギーに変わるのである．核融合でも莫大なエネルギーが放出される．そのため，核融合を利用したものには，水素爆弾や核融合発電がある．ただし，核融合発電は現在も研究中で，まだ成功してはいない．

恒星の内部では核融合が起こっている．恒星が自ら発している光は，核融合で放出されるエネルギーによるものである．太陽のような恒星内部では

$$p + p \rightarrow {}^2H + \bar{e} + \nu_e \tag{24.6}$$

$$^2H + p \rightarrow {}^3He + \gamma \tag{24.7}$$

$$^3He + {}^3He \rightarrow {}^4He + p + p \tag{24.8}$$

---

[1]　「モックス燃料」と読む．
[2]　「プルサーマル」は和製英語である．
[3]　日本の高速増殖炉もんじゅは 2016 年に廃炉が決定している．

　という核融合などが起こっている．恒星は自然の核融合炉なのである．恒星の内部で起こる核融合では，どんどん重い原子核が生成していく．恒星の質量のちがいにもよるが，この核融合は鉄の原子核まで続く．鉄原子核の融合が終了すると，それ以上の核融合は起きない．恒星内部での核融合が終了すると，重力と核融合による膨張しようとする力のつり合いが崩れて，恒星は収縮していく．そのため，質量の大きい恒星は最後に大爆発を起こして，その一生を終了する．その大爆発の際に，鉄の原子核より重い原子核が生成されるのである．人体を構成する元素は，酸素，炭素，水素が大部分を占めるが，鉄やそれよりも重い亜鉛やヨウ素なども含む．それを考えると，我々の体は星屑からできているということができる．

問 24.3　核融合発電では $^2H + {}^3H \rightarrow {}^4He + n$ の核融合反応からエネルギーを得る．この反応で 1 g の ^4He が生成する場合，どれだけのエネルギーが得られるか求めよ．ただし，この反応の質量欠損は 3.132×10^{-26} g であり，1 g の ^4He の個数は 1.505×10^{23} 個である．

第 25 章

GPS を正しく利用するには

GPS とは Global Positioning System の略で，日本語では全地球測位システムといい，地球上の現在位置を人工衛星からの電波を用いて測定するシステムである．カーナビゲーションや携帯電話などで利用できるので馴染みがあるだろう．ここでは，GPS を正しく利用するにはなにが必要であるか説明する．そのためには，ドイツ生まれの物理学者アインシュタイン（Albert Einstein, 1879-1955）が構築した相対性理論を知る必要がある．ただし，相対性理論はかなり難しい理論であるので概要のみ説明する．

25.1 相対性理論

相対性理論はアインシュタインがほぼひとりで構築した理論である．相対性理論は，1905 年に提出された**特殊相対性理論**と，1915 年から 1916 年にかけて提出された**一般相対性理論**の 2 つがある．特殊相対性理論は，19 世紀までの物理学の 2 本柱である，ニュートン力学と電磁気学を統一した理論である．この統一でニュートン力学は大きな修正を受けることとなった．そのため，それまで知られていなかった様々な事柄が明るみに出てくることとなった．一般相対性理論は，特殊相対性理論では考慮されていなかった加速度運動と重力を扱った理論である．一般相対性理論では重力の新しい解釈が与えられ，その結果として様々な新しい事柄がわかってきた．

25.2 相対性理論から明かになったこと

25.2.1 特殊相対性理論

特殊相対性理論は，真空中での光速はどの慣性系でも同一であるということと，どのような慣性系でも物理現象は同一に記述できるということを前提に構築されている．特殊相対性理論から明らかになったことの最も顕著な事柄は，**絶対時間**の否

定であろう．絶対時間は，ニュートンが力学を整備する際に導入した概念で，時間の流れ方はどこでもどのような状態でも一定であるという概念である．これは正しいように思える．誰にとってもどんな状態でも，時間が常に一定のリズムで流れていれば，時間を指定した待ち合わせが可能である．しかし，人によって時間の流れ方が異なれば，待ち合わせは不可能となる．特殊相対性理論では，状態によって時間の流れ方が変わるということが明らかになった．観測者に対して等速度運動する物体の時間は，遅れるのである．観測者の時間を t，観測者に対して速度 v で運動する物体の時間を t'，光速を c とすれば

$$t' = t\sqrt{1 - \left(\frac{v}{c}\right)^2} \tag{25.1}$$

と表せる．この式からわかるように，速度が光速に近づくほど時間の遅れが大きくなる．

　速く動くと時間が遅れるということは，速く動くと未来へのタイムトラベルができるということである．例えば，名古屋駅から新幹線に乗って東京駅に行ったとする．ただし，新幹線に乗る前に東京駅の時計と自分の時計を合わせておく．東京駅に着いてホームの時計と自分の時計を比べてみると，ホームの時計の方が自分の時計より進んでいるのである．つまり，着いた東京駅のホームは未来の世界になっているのである．

> **問 25.1**　観測者に対して光速の 80% の速度で運動する物体がある．観測者の時計で 10 秒経過すると物体の時間は何秒経過しているか．また，観測者の時計で 50 年経過した場合はどうなるか．

　特殊相対性理論で明らかになったことのもうひとつは，速度には上限があるということである．式 (25.1) において $v > c$ となれば平方根内が負になるので，$v \leqq c$ でなければならない．つまり，光速がこの宇宙の最高速度であり，物体の速度は光速を超えることは絶対にないのである．また，質量が 0 でなければ，どんなに加速しても光速になることはないのである．静止状態の質量 m の物体が，観測者に対して速度 v で運動する場合，観測される物体の質量 m' は

$$m' = \frac{m}{\sqrt{1 - \left(\frac{v}{c}\right)^2}} \tag{25.2}$$

となる．この式からわかるように，物体の速度が光速になると分母が 0 になるので，

質量が 0 でない限り光速になることは不可能なのである。また、観測者に対して速度 v で運動する物体の長さは、次のように短くなるのである。

$$l' = l\sqrt{1 - \left(\frac{v}{c}\right)^2} \tag{25.3}$$

l は静止状態の物体の長さで、l' は速度 v で運動しているときの物体の長さである。

エネルギーと質量の等価性も特殊相対性理論で明らかになった。エネルギーと質量の等価性は、エネルギーを E、質量を m とすると

$$E = mc^2 \tag{25.4}$$

と表せる。この式からわかるように、c^2 が質量にかかっているので、非常に小さい質量でも莫大なエネルギーに変換できる。これを利用したものが、原子爆弾や原子力発電である。これらはいずれも原子核が分裂する核分裂という現象を利用している。核分裂を起こすと分裂前と比べると質量が少々減少する。減少した分の質量がエネルギーに変換されるのである。

25.2.2 一般相対性理論

一般相対性理論では、重力の新しい解釈が与えられている。物体が空間内に存在すると、物体の質量によってその周りの空間は歪む。その空間の歪みが重力を及ぼすという解釈である。歪んだ空間では、光はまっすぐ進むことができなくなる。大きな質量を持つ物体の近くを光が通過すると、光は曲がってしまうのである。あたかも重力で光が曲げられるように見える。この現象を、**重力レンズ効果**という。重力レンズ効果は 1919 年に観測された。皆既日食のときに、本来は太陽の裏にあるはずの星を太陽の横に観測した。これは太陽の裏にある星からの光が、太陽によって歪んだ空間を曲がってやってきたためである（図 25.1）。これにより、質量によって空間が歪むことが実証されたのである。重力が非常に大きい天体を**ブラックホール**というが、ブラックホールに光が入ると非常に大きい重力のため、ブラックホールから光は出てこられなくなるのである。

もうひとつ驚くべき重要な結果がある。それは、時間が重力によって遅れるということである。重力が大きいほど、時間の進み方は遅れるのである。例えば、地上と高い山の上では重力の大きさが異なるので時間の進み方が異なる。重力が大きい

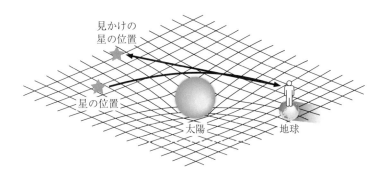

図 25.1　重力レンズ

地上での時間の進みが遅くなる．非常に重力が大きいブラックホールに吸い込まれる物体を観測すると，時間の進み方が非常に遅くなるので，止まっているように観測されるのである．

25.3　GPS を正しく利用するには

　GPS は GPS 衛星からの信号をもとに位置情報を得るシステムである．GPS 衛星は 2 万 km 上空を 4 km/s という高速で飛行している．したがって，地上の時間の進み方と GPS 衛星の時間の進み方は異なるのである．高速運動しているので，GPS 衛星の時間の進み方は遅れる．また，高いところを飛んでいるので，重力は地上より小さいため，GPS 衛星の時間の進み方は地上より速くなる．このように地上と GPS 衛星の時間には差ができてしまうため，特殊相対性理論と一般相対性理論による時間の補正が必要となるのである．この補正がなければ，GPS で正しい位置を知ることはできないのである．もし 24 時間補正しないでおくと，およそ 11 km も位置はずれてしまうのである．

　アインシュタインが相対性理論を構築した目的は，ニュートン力学と電磁気学の統一であった．我々の生活を豊かにする応用などは考えてはいなかった．後に GPS へ応用されることなど予想もできなかっただろう．一見なんの役にも立たないような理論でも，このように後に役に立つこともあるのである．したがって，なんの役にも立たないような物理学の基礎的研究は重要なのである．

第26章

スマートフォンがポケットに入るまで

　我々は様々な電子機器を使用している．なかでもスマートフォンは高性能にも関わらず，ポケットに入る大きさになっている．このように電子機器の性能が上がりサイズも小さくなったのは，量子力学，そしてその応用である固体物理学の発展によるものである．ここでは，量子力学の概要とその応用について説明する．

26.1　電子の動き

　電子機器の内部は，たくさんの電子素子が接続された回路になっていて，その中を電子が駆け巡っている．電子素子を開発するには，物質内での電子の運動状態を知る必要がある．第4章でニュートンの運動方程式は未来の運動状態を完全に予測できるが，ミクロの世界ではそれが不可能であることをみた．電子の運動状態を知るためには，ニュートンの運動方程式は使えないのである．ミクロの世界の理論は1920年代に，ドイツの物理学者ハイゼンベルク（Werner Karl Heisenberg, 1901-1976），オーストリアの物理学者シュレディンガー（Erwin Schrödinger, 1887-1961），イギリスの物理学者ディラック（Paul Adrien Maurice Dirac, 1902-1984）たちによって構築された．この理論を**量子力学**という．量子力学の基礎方程式は，**シュレディンガー方程式**といい，電子の運動状態はシュレディンガー方程式から知ることができるのである．しかし，ニュートンの運動方程式が未来の運動状態を完全に予測できるのとは異なり，電子の運動状態は完全には予測できないのである．これは，ミクロの世界の特徴なのである．

26.2　ミクロの世界の特徴

　ミクロの世界は，我々の常識では考えられない特徴を持つ．ここでは，ミクロの世界の特徴について研究の歴史に沿ってみていこう．

　1900年12月にドイツの物理学者プランク（Max Planck, 1858-1947）は，熱

放射における，電磁波のエネルギーと振動数の関係を表す式を発表した．それまで，実験と一致する式が得られていなかったが，**プランクの式**は実験と完全に一致したのである．この式は，電磁波のエネルギーは，電磁波の振動数を ν とすると $h\nu$ を単位にしているところに特徴がある．h は**プランク定数**とよばれる定数で，$h = 6.626 \times 10^{-34}$ J·s である．つまり，エネルギーを，その最小単位 $h\nu$ の整数倍となる不連続な物理量と考えたのである．

1905 年にアインシュタインは，光はエネルギー $h\nu$ を持つ粒子であるとすると，光電効果という現象が説明できることを示した．**光電効果**とは，金属に光を照射すると金属内部から電子が飛び出してくる現象である．光電効果には，説明がつかない次の 2 つの謎があった．

1）飛び出す電子の運動エネルギーは，照射する光の強さにはよらず，振動数に依存する．

2）飛び出す電子の個数は，照射する光の強さに比例する．

これらは，光が波動であるとするとまったく説明できないのである．上述のように，アインシュタインは，光は波動であり粒子であるとして，この 2 つの謎を解いたのである．光の粒子を光量子または光子という．1922 年，アメリカの物理学者コンプトン（Arthur Holly Compton, 1892-1962）は，X 線を物質に照射すると，散乱 X 線の波長が入射 X 線より長くなることを発見した．この現象を**コンプトン効果**という．この現象は，X 線が電子と衝突することで起こり，X 線を粒子と考えないと説明できないのである．コンプトンは，光の粒子性を証明したのである．

1925 年，フランスの物理学者ド・ブロイ（Louis de Broglie, 1892-1987）は，電子などの粒子も波動-粒子の二重性を持つと考えた．ド・ブロイが考えた粒子の波動を**物質波**または**ド・ブロイ波**といい，その波長 λ は粒子の運動量の大きさを p とすると

$$\lambda = \frac{h}{p} \tag{26.1}$$

となる．1927 年，アメリカの物理学者デイヴィソン（Clinton Joseph Davisson, 1881-1958）とジャーマー（Lester Halbert Germer, 1896-1971）は，電子が回折を起こすことを実験によって示した．また同年，イギリスの物理学者 G.P.トムソン（George Paget Thomson, 1892-1975）も独立に電子が回折と干渉を起こすことを実験で示した．図26.1 は，2 重スリットによる電子の干渉実験の様子である．電子は 2

重スリットを通り，その先のスクリーンに到達する．スクリーンに電子が衝突すると，スクリーンが点として光るのだ．結果として，スクリーンに干渉縞が現れて電子は波動性を示すのである．この実験では，1つの電子が発射されてスクリーンに到達するまで電子は発射されていない．つまり，電子どうしが干渉しているのではなく，1つの電子が波動として2重スリットで干渉しているのである．そして，スクリーンに衝突すると1点が光り，電子は粒子性を現すのである．このように，光や粒子は波動-粒子の二重性を持つことが明らかになったのである．波動性と粒子性という相容れない性質をあわせ持つことは，我々には考えられないことであるが，これが自然の姿なのである．

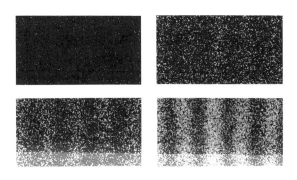

図 26.1　電子の干渉実験[1]

　以上のように，エネルギーが $h\nu$ の整数倍になり，不連続の量であることや，光と粒子が波動-粒子の二重性を持つことなど，ミクロの世界の特徴が明らかになったのである．

26.3　量子力学というミクロの世界の理論

　前述のような我々の常識では考えられないミクロの世界を記述するために，量子力学が構築された．量子力学の最大の特徴は，未来の運動状態を確率的にしか予測できないということである．これは，粒子の位置と運動量を同時に正確には決定できないという**不確定性原理**のためである．不確定性原理は，位置の不確かさを Δx，運動量の不確かさを Δp とすると

---

[1] 写真提供：株式会社日立製作所研究開発グループ

$$\Delta x \Delta p \geqq \frac{h}{4\pi} \tag{26.2}$$

となる．この関係から，Δp を 0 にして運動量を正確に決定しようとすると，Δx は無限大になって位置は不正確になる．Δx を 0 にして Δp を決定する場合も同様の結果になる．エネルギーと時間の間にも式 (26.2) と同様の関係が成り立つ．

　もうひとつの特徴は，エネルギーをはじめとする物理量が不連続の値をとるということである．物理量が最小単位の整数倍になるとき，その最小単位を**量子**という．例えば，原子内の電子は，エネルギーとともに角運動量は不連続の値をとり，図 26.2 に示したような一定のエネルギーを持つ決まった軌道を回っている．この軌道を**原子軌道**という．電子はこの軌道の上にのみ存在でき，自由に原子核の周りを回ることはできない．図 26.2 では，原子軌道のエネルギーは E_1, E_2, E_3, $\cdots$ となっているが，エネルギーの大きさは $E_1 < E_2 < E_3 < \cdots$ である．軌道を変えるときは，軌道間のエネルギー差に相当するエネルギーを持つ光の吸収・放出を行うのである．

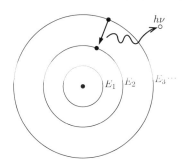

図 26.2　原子軌道

26.4　量子力学の応用

　量子力学は原子を扱うことができる理論であるので，分子や固体などの研究に応用されている．化学では，量子化学として分子の性質や化学反応の解明に適用されている．固体物理学では，特に固体の電気的性質などの研究が行われている．また，生物学や宇宙物理学などにも応用されている．

　特に，我々の生活に深く関係しているのが固体物理学である．固体の電気的性質などの研究が勢力的に行われており，電子素子の開発が行われている．世界初の電

図 **26.3**　ENIAC

子計算機は ENIAC であり，1940 年代に開発された．ENIAC は，およそ 17,000
本の真空管を用いて $167\,\mathrm{m}^2$ のスペースに設置された，非常に大きい電子計算機で
あった．しかし，真空管が 1 日に数本破損し，大量の熱を発生して扱いが厄介だっ
た．また，性能は現在の電卓よりも劣ったものであった．このように，当時の電子
機器は真空管でつくられていた．破損しやすい真空管は，固体物理学の研究によっ
て開発されたトランジスターにとって変わられることとなる．トランジスターは，
真空管とは比べものにならないくらい小さく，真空管ほど壊れやすくない．その
後，電子素子は，固体物理学の発展とともに，さらに小型化されていく．トランジ
スターを最大 100 個程度詰め込んだ集積回路（IC）が開発された．さらに，トラン
ジスターを最大 100 万個程度詰め込んだ大規模集積回路（LSI）や 100 万個超詰め
込んだ超大規模集積回路（VLSI）が開発された．いずれも手で握れるほどの大きさ
で，電子素子の小型化と高性能化が進んだ．このような電子素子の開発によって，
我々は高性能の電子機器をポケットに入れることができるようになったのである．

真空管　　　　　トランジスタ　　　　　　IC　　　　　　　　LSI，VLSI

図 **26.4**　様々な電子素子

第 27 章

青い光を放つ半導体

2014 年, 赤崎勇 (1929-2021), 天野浩 (1960-), 中村修二 (1954-) の 3 名に青色発光ダイオードの発明の功績に対してノーベル物理学賞が与えられた. ダイオードは半導体を用いた電子素子である. 現在, 青色発光ダイオードは様々な応用がなされている. また, CD や DVD よりも大きな情報を保存できる Blu-ray では, 青色半導体レーザーを利用している. ここでは, 青色の光を放つ半導体について説明する.

27.1 半導体

半導体とは, 導体と絶縁体との中間的な電気抵抗を持つ物質である. 半導体は, 電子が持つことができるエネルギーで見ると, 図 27.1 のように価電子帯と**伝導帯**とよばれるエネルギー領域を持っている. 電子はこれらの領域のエネルギーを持つことができる. 価電子帯と伝導帯のエネルギーは離れていて, その間のエネルギー領域は**禁制帯**とよばれている. 電子は禁制帯のエネルギーを持つことはできない. 禁制帯のエネルギーの幅はバンドギャッ

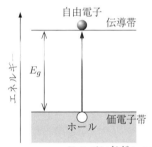

図 27.1 半導体のエネルギー準位

プとよばれている. 電子は 2 個まで同じエネルギーを持つことができ, 価電子帯と伝導帯にはそのように電子のための席が用意されているのである. 通常, 価電子帯は満席の状態で, 伝導帯は空席状態になっている. 価電子帯の電子は自由には動けないのである. しかし, バンドギャップ以上のエネルギーを価電子帯の電子が吸収すると, 伝導帯のエネルギーを持って自由に動けるようになる. これが自由電子となり, 電圧がかかると電流になるのである. このとき, ぎっしり電子が詰まっていた価電子帯に電子 1 個分の空席ができる. この空席は**ホール**とよばれ, あたかも正

電荷を持った粒子のように振る舞うことができるのである．ホールは価電子帯の中で自由に動くことができるので，電圧がかかるとホールも電流となる．電子とホールは，電気を運ぶことができるので，**キャリア**とよばれている．このように半導体は，バンドギャップに相当するエネルギーを与えて，電圧をかけると電流が流れるのである．そのため，導体とは異なり，熱すると電気抵抗が小さくなるという特徴を持つのである．

　不純物を含まない半導体を**真性半導体**という．真性半導体では自由電子とホールが同数になる．真性半導体には，シリコン（Si）やゲルマニウム（Ge）などがある．そこへ微量の他の原子を添加したものを**不純物半導体**という．シリコン原子は最外殻の軌道に電子を 4 個持つ．最外殻軌道に電子を 5 個持つ窒素原子（N）やヒ素原子（As）を微少量だけ添加すると，電子が過剰になった **n 型半導体**となる．また，最外殻軌道に電子を 3 個持つガリウム原子（Ga）やインジウム原子（In）を微少量だけ添加すると，電子が不足した **p 型半導体**となる．整流作用を持つダイオードや増幅作用をもつトランジスタは，不純物半導体である p 型半導体と n 型半導体を接合してつくられている．

27.2　発光ダイオード

　ダイオードという電子素子は，p 型半導体と n 型半導体を接合してつくられている．ダイオードは整流作用を持っている．つまり，一方向にしか電流を流さないのである．図 27.2 からわかるように，電圧をかけると電子はマイナス側からプラス側へ移動し，ホールはプラス側からマイナス側へ移動して接合部分で電子とホールが再結合する．電圧を逆にかけると，電子とホールは逆向きに移動するので電流は流れないのである．

　光を放つダイオードを**発光ダイオード**といい，Light Emitting Diode を略して **LED** とよばれている．発光ダイオードでは，伝導帯の電子が価電子帯のホールと再結合する際に，電子が持っていたエネルギーを光として放出するのである（図27.3）．放出する光の振動数 ν は，バンドギャップ E_g によって次のように決まる．

$$\nu = \frac{E_g}{h} \tag{27.1}$$

ここで h はプランク定数である．

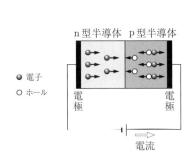

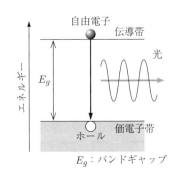

図 **27.2** ダイオード　　　　図 **27.3** 半導体の光の放出

> **問 27.1**　青い光を放出する発光ダイオードのバンドギャップの値を求めよ. ただし, 青い光の波長を 450 nm とし, プランク定数 h は 6.626×10^{-34} J·s とする.

　すべての色の光は, 赤色光, 緑色光, 青色光の混合でつくることができる. これを**光の三原色**という. したがって, 発光ダイオードで様々な色の光を発するには, 赤, 緑, 青を放つ発光ダイオードが必要となる. 赤色発光ダイオードは 1962 年に, 緑色発光ダイオードは 1968 年に開発に成功している. 青色発光ダイオードの開発に成功したのは 1989 年であるが, 実用化できるほど明るいものではなかった. 青色発光ダイオードが実用化可能になったのは 1993 年であった. 青色発光ダイオードの開発の難しさは, p 型半導体の作成にあった. この開発に成功したのが, 赤崎勇, 天野浩, 中村修二の 3 名である. 彼らは, p 型半導体である GaN（窒化ガリウム）の作成に成功したのである. 青色発光ダイオードは, 信号機, 駅や空港の案内表示板, 液晶ディスプレイのバックライトなどに幅広く応用されている.

27.3　半導体レーザー

27.3.1　レーザーのしくみ

　レーザー（LASER）は, Light Amplification by Stimulated Emission of Radiation の略であり, 日本語では「放射の誘導放出による光増幅」である. レーザー光は, 振幅が増幅され, 山と山, 谷と谷が揃った光である. このように, 山と山, 谷と谷が揃った光を, コヒーレントな光（可干渉な光）という.

　通常, 原子や分子はエネルギーが低い状態になっている. この状態を**基底状態**とい

う．原子や分子にエネルギーを与えると，エネルギーの高い状態になる．この状態を**励起状態**といい，励起状態にすることを励起するという．通常，励起状態の原子や分子はある寿命でエネルギーを放出して基底状態に戻る．励起状態から基底状態に戻るとき，1つの原子や分子が光を放出すると，他の原子や分子がその光に刺激されて，エネルギーを光として放出して基底状態に戻る．この現象を**誘導放射**という．誘導放射を効果的に行ってレーザー光を得るためには，励起状態の原子や分子を増やし，基底状態よりも多い状態にする必要がある[1]．このように基底状態よりも励起状態が多い状態を反転分布という．これによってコヒーレントな光が得られるのである．レーザーを発する物質の両端に反射鏡を置くと，光の振幅が共振器内で増幅される．あるところまで振幅が増幅されたら，その光を放出するのである．これがレーザーのしくみである．

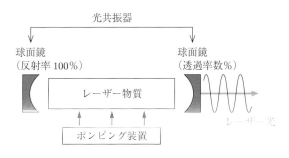

図 27.4 レーザーのしくみ

半導体レーザーも同様に，エネルギーを与えて多くの電子を価電子帯から伝導帯へ励起し，誘導放射によってコヒーレントな光を得て，それを増幅するのである．半導体レーザーの構造は，p型半導体とn型半導体の間に活性層を挿入してあり，活性層で電子とホールの再結合を起こすようになっている．p型半導体とn型半導体の活性層に接する面は，鏡面になるように加工されており，活性層が共振器の役割を担っている．

27.3.2 半導体レーザーの応用

半導体レーザーは様々な応用があるが，最も我々の身近にある応用としては，光ディスク（CD，DVD，Blu-ray）がある．CDなどの読み取り面の平らな部分をランドといい，そこにピットとよばれる出っ張りがある．CDのピットの最小長は

---

[1] レーザー発信をする物質を励起することをポンピングという．

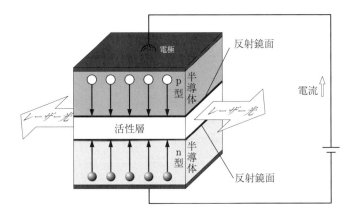

図 27.5 半導体レーザー

870 nm である．これは読み取りに使用する 780 nm 赤外線半導体レーザーとほぼ同じである．CD はこのピットの並びで情報を書き込んでいるのである．CD のデータ容量は 700 MB である．データ容量を増加させるためには，最小ピット長を短くしてピット数を増大させればいいのである．そのためには，読み取るレーザー光の波長を短くしなければならない．そこで，DVD が誕生した．DVD では，最小ピット長は 400 nm で，波長 650 nm の赤色レーザー光を使用する．DVD の容量は CD の容量の約 7 倍で 4.7 GB である．また，Blu-ray では，最小ピット長はさらに短く，150 nm となっている．波長 405 nm の青色レーザー光で読み取るのである．Blu-ray の容量は 25 GB と大容量になった．データ容量を大きくするためには，青色レーザー光を放射する半導体レーザーの開発が必要だったのである．

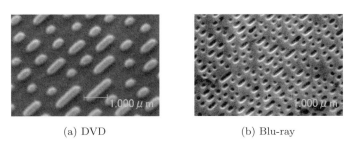

(a) DVD   (b) Blu-ray

図 27.6 DVD と Blu-ray ディスクの読み取り面[2]

---

[1] 画像提供：総合環境企業 ミヤマ株式会社 `http://www.miyama.net/`

第28章

宇宙はなにでできているのか

 日常の中の物理をみてきたが，最後に，我々が住んでいる宇宙，我々の体，我々の身のまわりにある物体がなにでできているかについて説明する．また，この宇宙が持つ謎についてもみていく．

28.1 物質の根源

28.1.1 素粒子

 物質をどんどん細かくしていくと分子になる．分子はいくつかの原子に分けることができる．さらに，原子は電子と原子核に分けることができる．電子は現在のところこれ以上分解できないが，原子核はさらに陽子と中性子に分解できる．では，陽子と中性子はさらに分解できるだろうか．これらはさらに分解できるのである．陽子と中性子は，クォークという素粒子からできていることが知られている．物質をつくる究極の粒子や力を伝える粒子を素粒子という．

 初めて発見された素粒子は電子であり，イギリスの物理学者J.J.トムソン（Joseph John Thomson, 1856-1940）が1897年に発見している．次に発見された素粒子は陽子である．上述のように陽子はクォークの複合粒子であるが，当時はまだ知られていなかった．陽子は，ニュージーランド生まれの物理学者ラザフォード（Ernest Rutherford, 1871-1937）によって1918年に発見された．次いで1932年には，イギリスの物理学者チャドウィック（James Chadwick, 1891-1974）によって中性子が発見された．これによって，現在118種類もある元素が，電子，陽子，中性子の3つの素粒子で説明できるようになった．物理学者はめでたしめでたしと思った．なぜならば，物理学は，できるだけ少ない事柄でできるだけ多くの事柄を説明しようとする学問であるからである．ところが，中性子が発見された年に，正電荷を持つ電子である**陽電子**が発見され，その後，様々な粒子が続々と発見された．1960年

代には約 100 種類超の粒子が発見されたのである．となると，これらの粒子は，究極の粒子である素粒子とは考えられなくなる．物理学者としては，素粒子は多くても 2, 3 個であってほしいのである．

　ここで，陽電子について解説しておこう．陽電子とは，正電荷を持つ電子である．つまり，電荷が逆符号になっているだけで，質量などの量は電子とまったく同じ粒子である．このように，電荷が逆符号で質量などは同じである粒子を**反粒子**という．陽電子は電子の反粒子である．粒子に対応する反粒子が必ず存在するのである．電荷を持たない粒子の場合は，自分自身が反粒子であるものも存在する．反粒子の特徴は，対応する粒子と衝突すると，粒子と反粒子は消滅して γ 線や他の粒子に変わることである．この現象を**対消滅**という．反粒子は自然界には存在しないが，つくり出すことはできる．

　1970 年代，素粒子の理論が構築された．その理論は，**標準理論**または**標準模型**とよばれる．標準理論では，基本的な素粒子を 17 種類にまとめられている[1]（図 28.1）．素粒子数はまだまだ多いが，これでうまく説明がつくのである．標準理論で扱う素粒子は，力を伝えるゲージ粒子，物質をつくるレプトンとクォーク，また素粒子に質量を与えるヒッグス粒子に分類されている．

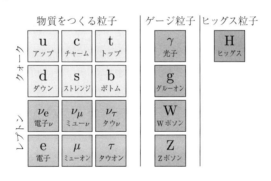

図 28.1　標準理論の素粒子

　力を伝える粒子は**ゲージ粒子**とよばれている．自然界で働く力は，強い力，弱い力，電磁気力，重力の 4 つがある．これらには，それぞれ力を伝えるゲージ粒子が存在する．素粒子論では，ゲージ粒子のキャッチボールによって力が生じると考え

---

[1] 反粒子数は入れていない．反粒子数を入れると 30 種類となる．

るのである. 電磁気力を伝える粒子は, **フォトン**または**光子**とよばれる粒子である. **強い力**という力は, 原子核内で働く力で, **グルーオン**という粒子が伝える. 上述のように, 陽子と中性子はクォークという素粒子からできているが, クォークどうしを結びつけているのがグルーオンなのである. **弱い力**は, β崩壊などを起こす力で, **ウィークボソン**という粒子が伝える. ウィークボソンは, 電荷を持つW^+とW^-, そして電荷を持たないZ^0が存在する. これらのウィークボソンは, アメリカの物理学者グラショウ (Sheldon Lee Glashow, 1932-), 同じくアメリカの物理学者ワインバーグ (Steven Weinberg, 1933-2021) とパキスタンの物理学者サラム (Abdus Salam, 1926-1996) によって理論的に存在が予言された. そして, これらの粒子は, 1983年にイタリアの物理学者ルビア (Carlo Rubbia, 1934-) のグループによって, 欧州原子核研究機構 CERN での加速器実験で発見されたのである. 重力を伝える粒子は**グラビトン**または**重力子**という粒子であり, 未だに発見されていない. また, 重力は標準理論には含まれていないのである.

物質を構成する粒子は, 強い力を受けないレプトンと強い力を受けるクォークに分類される. レプトンは, 電子 (e), ミューオン (μ), タウオン (τ), 電子ニュートリノ (ν_e), μニュートリノ (ν_μ), τニュートリノ (ν_τ) の全6種類の粒子で構成される粒子群である. クォークは陽子や中性子などを構成する粒子で, アップクォーク (u), ダウンクォーク (d), チャームクォーク (c), ストレンジクォーク (s), トップクォーク (t), ボトムクォーク (b) の全6種類の粒子で構成される粒子群である. 陽子は, 3つのクォークからなる粒子で uud となる. 同様に, 中性子も3つのクォークからなり, udd となる.

素粒子に質量を与えるメカニズムは**ヒッグス機構**とよばれ, ヒッグス粒子が媒介する. この理論は, 1964年にベルギーの物理学者アングレール (François, Baron Englert, 1932-) とブロート (Robert Brout, 1928-2011), イギリスの物理学者ヒッグス (Peter Ware Higgs, 1929-) らによって提出された. ヒッグス粒子の存在は, CERN の加速器 LHC で 2012 年にやっと確認されたのである.

問 28.1 電気素量を単位とすると, 陽子と中性子の電荷はそれぞれ +1 と 0 である. アップクォークとダウンクォークの電荷を求めよ.

28.2　宇宙はなにでできているか

28.2.1　宇宙の始まりと物質の誕生

　第 13 章で述べたように，1929 年にハッブルは宇宙が膨張していることを発見し，1948 年にロシア生まれの物理学者ガモフ（George Gamow, 1904-1968）によって，宇宙には始まりがあるというビッグバン理論が提出された．ハッブルの法則と最近の観測によって，宇宙が始まったのは今から 138 億年前であることが知られている．ビッグバンによって宇宙が生じたと同時に，様々は素粒子が誕生した．ビッグバンから 0.0001 秒後，宇宙の温度は 1 兆 K でクォークが 3 つずつ集まり陽子と中性子ができた．ビッグバンから 3 分後，宇宙の温度は 9 億 K まで低下し，ヘリウムなどの軽い原子核ができた．ただし，原子核と電子はまだばらばらの状態である．このように，原子核と電子が離れて共存する状態を**プラズマ状態**という．ビッグバンから 38 万年後，宇宙の温度は 3000 K にまで低下する．この温度で，原子核と電子が結合して原子ができたのである．これが，ビッグバン理論で物質ができてくるシナリオなのである．

28.2.2　宇宙はなにでできてるか

　宇宙は物質からできていると考えられるので，原子でできていると考えられるが，実はそれだけではないことがわかっている．宇宙は，原子以外に我々の知らない未知の物質とエネルギーで構成されていることがわかってきたのである．ここでは，その未知の物質とエネルギーについて解説する．

（a）　未知の物質の存在

　銀河にはいくつか種類があり，その中には図 28.2 に示すような渦巻状の渦巻銀河がある．銀河は一般的に，外側へいくにしたがって星の数が減っていき，まばらな状態になっている．このような渦巻銀河では，内側の回転速度に対して外側の回転速度は小さいはずである．なぜならば，外側は星がまばらなので，他の星から受ける重力は内側よりも小さいからである．しかし，観測からは，内側も外側も回転速度はほとんど同じであることがわかったのだ．このことは，我々には見えない，重力を及ぼす物質が存在していることを意味している．この物質は**暗黒物質**または**ダークマター**とよばれている．暗黒物質は宇宙のいたるところに存在していると考

図 28.2 渦巻銀河

えられている.

（b） 未知のエネルギーの存在

1929 年にハッブルによって発見された宇宙の膨張は，現在どうなっているのだろうか．宇宙のいたるところに存在する暗黒物質の重力によって内側へ引っぱられるので，宇宙の膨張は減速しているだろうと考えられる．ところが，観測結果はそうではなかった．宇宙の膨張はさらに加速していることがわかったのである．このことは，暗黒物質の重力に打ち勝つ斥力を及ぼす，なにかが大量に存在することを意味している．この斥力を及ぼすなにかは，まったくわかっておらず，**暗黒エネルギーまたはダークエネルギー**とよばれている.

（c） 宇宙の構成

物質は原子でできている．そう考えると宇宙の大部分は原子でできていると考えられる．しかし，実際はそうではないのである．宇宙を構成している原子は全体の4.9%に過ぎず，残りは，暗黒物質が 26.8%，暗黒エネルギーが 68.3%となっているのである．つまり，宇宙を構成している 95%は未知なのである.

問の略解

略解と [考え方] を示した.

第2章

問 2.1 速さは一定, 向きも一定の運動となる. **問 2.2** 正しく計ることはできない. **問 2.3** 落下速度は $v_0 + gt$, 落下距離は $v_0 t + \dfrac{1}{2} gt^2$ となる. v-t 図は省略. **問 2.4** およそ $\sqrt{6}$ 倍 **問 2.5** $6.8 \times 10^{-5}\,\mathrm{g}$ $(0.068\,\mathrm{mg})$

第3章

問 3.1 省略 **問 3.2** [考え方] 力 F の分解を考える. **問 3.3** 2人同時に後方へ動く. **問 3.4** [考え方] 物体はどこから重力を受けているか考える. **問 3.5** [考え方] 作用反作用の法則に留意して図示する.

第4章

問 4.1 図の右斜め上方 **問 4.2** 2 **問 4.3** $r = rω$ **問 4.4** [考え方] 式 (1.7) と式 (1.8) から導き出す. **問 4.5** 省略 **問 4.6** [考え方] 何らかの力とニュートンの運動方程式を使って質量を求める方法を考える. **問 4.7** およそ $3400\,\mathrm{N}$

第5章

問 5.1 [考え方] 垂直抗力と重力が直交するような場合を考える. **問 5.2** [考え方] 摩擦力の性質を考える. **問 5.3** [考え方] 慣性の法則を考える. **問 5.4** [考え方] 地球から飛び出すときのロケットの速度を考える. **問 5.5** 質量には無関係

第6章

問 6.1 加速度 a で遠ざかるように見える. **問 6.2** 電車内に静止した基準では前方へ動く. 地面に静止した基準では減速前の速度で動く. **問 6.3** 急発進する場合前方へ倒れ, 急停止する場合後方へ倒れる. **問 6.4** 上昇し始めの場合体重は増加し, 途中では体重は変化しない. 停止前の体重は減少する. **問 6.5** 0 になる. **問 6.6** [考え方] 国際宇宙ステーション内ではどのような力が働くか考える. **問 6.7** 東の壁に衝突する. **問 6.8** [考え方] 回転半径と回転速度の関係を考える. **問 6.9** [考え方] 南極の上空から見ると地球はどのように自転しているか考える.

第7章

問 7.1 [考え方] ニュートンの運動方程式を用いて, 仕事を計算する. **問 7.2** [考え方] 落下前と時間 t 後の力学的エネルギーが等しいことを示す. **問 7.3** 半径 $28\,\mathrm{m}$ 未満

第8章

問 8.1［考え方］式 (2.2) とニュートンの運動方程式を使用する．**問 8.2** 9000 N   **問 8.3**［考え方］衝突した時に作用反作用の法則を適用する．**問 8.4** 運動量保存則を満足するように 10 円玉が飛び出る．**問 8.5**［考え方］運動量保存則を用いて考える．

第9章

問 9.1［考え方］ニュートンの運動方程式を用いる．**問 9.2**［考え方］角運動量保存則でなにが保存されるか考える．**問 9.3** 省略

第10章

問 10.1［考え方］月には地球の大気を通った光が当たることを考える．**問 10.2** およそ 22.5 万 km/s   **問 10.3** 朝方と夕方   **問 10.4** 赤い大きな虹

第11章

問 11.1［考え方］波面が到達した順に大きさの異なる素元波を図示する．**問 11.2**［考え方］ホイヘンスの原理を考えて図示する．**問 11.3**［考え方］回折の性質を考える．

第12章

問 12.1［考え方］なにが音になっているか考える．**問 12.2**［考え方］光の屈折が起こる理由をもとに考える．**問 12.3**［考え方］図 12.5 をもとに考える．**問 12.4**［考え方］気柱の長さが同じであるとして式 (12.3) と式 (12.4) の比をとる．**問 12.5** およそ 3 倍

第13章

問 13.1 $V - v_s$ **問 13.2** $f/(V - v_s)$ **問 13.3** 省略   **問 13.4** 省略

第14章

問 14.1 およそ 640 kg   **問 14.2** 省略   **問 14.3**［考え方］物体の上下での圧力差を求める．**問 14.4**［考え方］浮力と重力の大小関係を示す．**問 14.5** 式 (14.1) の V が小さくなるため．**問 14.6** 式 (14.1) の ρ が大きくなるため．

第15章

問 15.1 中心で流速が最大，パイプの壁面では流速が 0 となる．**問 15.2** 140 m/s（504 km/h）**問 15.3** ピンポン球が水流に引っぱられるため．

第16章

問 16.1［考え方］水は重力による加速度運動であることを考える．**問 16.2** 大きくなる．**問 16.3** ピンポン球は浮き上がらず振動する．**問 16.4** 84 cm   **問 16.5** 曲がって落下する．**問 16.6**［考え方］揚力と水の抗力の合力を図示する．

第17章

問 17.1 300 K   **問 17.2** 9 mm   **問 17.3** 0℃ の体積の 1/273.15 だけ増加する．**問 17.4** 73.9℃

第18章

問 18.1［考え方］熱放射でなにが起こるか考える．**問 18.2** 熱放射と対流   **問 18.3** およそ 481℃

問 18.4 関係ない.

第 19 章
問 19.1 省略

第 20 章
問 20.1 9×10^9 N **問 20.2** 電流が小さいため.

第 21 章
問 21.1 磁気が消失する. **問 21.2** 図の左向き

第 22 章
問 22.1 省略 **問 22.2**［考え方］発電で電気エネルギーが生じることを考える. **問 22.3** 省略 **問 22.4** 10

第 23 章
問 23.1 約 12.2 cm **問 23.2** 20 秒

第 24 章
問 24.1 8.243×10^{10} J **問 24.2** ^{238}U + n → ^{239}U → ^{239}Np → ^{239}Pt **問 24.3** 4.242×10^{11} J

第 25 章
問 25.1 6 秒, 30 年

第 27 章
問 27.1 4.417×10^{-15} J

第 28 章
問 28.1 アップクォークが $+2/3$, ダウンクォークが $-1/3$

索　　引

著者紹介

齊藤　史郎（さいとう　しろう）

中京大学教養教育研究院教授．博士（理学）．
1995 年北海道大学大学院理学研究科博士課程修了．電気通信大学自然科学
系列物理学教室助手，中京大学教養部講師，中京大学国際教養学部准教授，
同教授を経て，2020 年より現職．
主な研究分野は原子物理学（理論），電子構造論．

にちじょう　なか　ぶつりがく
日常の中の物理学

2019 年 3 月 30 日	第 1 版　第 1 刷　発行
2020 年 3 月 30 日	第 2 版　第 1 刷　発行
2023 年 3 月 30 日	第 2 版　第 2 刷　発行

著　　者　　齊　藤　史　郎
発　行　者　　発　田　和　子
発　行　所　　株式会社　学術図書出版社

〒113−0033　　東京都文京区本郷 5 丁目 4 の 6
TEL 03−3811−0889　　振替　00110−4−28454
印刷　三美印刷（株）

定価はカバーに表示してあります.

ISBN978−4−7806−0803−8　　C3042

元 素

	1	2	3	4	5	6	7	8	9
1	$_1$H 水素 1.008 $1s^1$								
2	$_3$Li リチウム 6.941[注1] [He]$2s^1$	$_4$Be ベリリウム 9.012 [He]$2s^2$							
3	$_{11}$Na ナトリウム 22.99 [Ne]$3s^1$	$_{12}$Mg マグネシウム 24.31 [Ne]$3s^2$							
4	$_{19}$K カリウム 39.10 [Ar]$4s^1$	$_{20}$Ca カルシウム 40.08 [Ar]$4s^2$	$_{21}$Sc スカンジウム 44.96 [Ar]$3d^14s^2$	$_{22}$Ti チタン 47.87 [Ar]$3d^24s^2$	$_{23}$V バナジウム 50.94 [Ar]$3d^34s^2$	$_{24}$Cr クロム 52.00 [Ar]$3d^54s^1$	$_{25}$Mn マンガン 54.94 [Ar]$3d^54s^2$	$_{26}$Fe 鉄 55.85 [Ar]$3d^64s^2$	...
5	$_{37}$Rb ルビジウム 85.47 [Kr]$5s^1$	$_{38}$Sr ストロンチウム 87.62 [Kr]$5s^2$	$_{39}$Y イットリウム 88.91 [Kr]$4d^15s^2$	$_{40}$Zr ジルコニウム 91.22 [Kr]$4d^25s^2$	$_{41}$Nb ニオブ 92.91 [Kr]$4d^45s^1$	$_{42}$Mo モリブデン 95.95 [Kr]$4d^55s^1$	$_{43}$Tc* テクネチウム (99) [Kr]$4d^55s^2$	$_{44}$Ru ルテニウム 101.1 [Kr]$4d^75s^1$	...
6	$_{55}$Cs セシウム 132.9 [Xe]$6s^1$	$_{56}$Ba バリウム 137.3 [Xe]$6s^2$	ランタノイド	$_{72}$Hf ハフニウム 178.5 [Xe]$4f^{14}5d^26s^2$	$_{73}$Ta タンタル 180.9 [Xe]$4f^{14}5d^36s^2$	$_{74}$W タングステン 183.8 [Xe]$4f^{14}5d^46s^2$	$_{75}$Re レニウム 186.2 [Xe]$4f^{14}5d^56s^2$	$_{76}$Os オスミウム 190.2 [Xe]$4f^{14}5d^66s^2$	192...
7	$_{87}$Fr* フランシウム (223) [Rn]$7s^1$	$_{88}$Ra* ラジウム (226) [Rn]$7s^2$	アクチノイド	$_{104}$Rf* ラザホージウム (267) [Rn]$5f^{14}6d^27s^2$	$_{105}$Db* ドブニウム (268)	$_{106}$Sg* シーボーギウム (271)	$_{107}$Bh* ボーリウム (272)	$_{108}$Hs* ハッシウム (277)	10...

凡例:
原子番号 → 元素記号（放射性元素には元素記号の右肩に＊を付す．合成された放射性元素は白抜き文字で示す．）
日本化学会が定めた4桁の原子量
電子配置

$_4$Be ベリリウム ← 元素名
9.012 → 特定の同位体組成を示さない場合は最もよく知られた質量数を（ ）内に示す．
[He]$2s^2$

| ラ ン タ ノ イ ド | $_{57}$La ランタン 138.9 [Xe]$5d^16s^2$ | $_{58}$Ce セリウム 140.1 [Xe]$4f^15d^16s^2$ | $_{59}$Pr プラセオジム 140.9 [Xe]$4f^36s^2$ | $_{60}$Nd ネオジム 144.2 [Xe]$4f^46s^2$ | $_{61}$Pm* プロメチウム (145) [Xe]$4f^56s^2$ | $_{62}$Sm サマリウム 150.4 [Xe]$4f^66s^2$ | $_{63}$Eu ユーロピウム 152.0 [Xe]$4f^76s^2$ | $_{64}$Gd ガドリニウム 157.3 [Xe]$4f^75d^16s^2$ | 6... 158... [Xe... |
| ア ク チ ノ イ ド | $_{89}$Ac* アクチニウム (227) [Rn]$6d^17s^2$ | $_{90}$Th* トリウム 232.0 [Rn]$6d^27s^2$ | $_{91}$Pa* プロトアクチニウム 231.0 [Rn]$5f^26d^17s^2$ | $_{92}$U* ウラン 238.0 [Rn]$5f^36d^17s^2$ | $_{93}$Np* ネプツニウム (237) [Rn]$5f^46d^17s^2$ | $_{94}$Pu* プルトニウム (239) [Rn]$5f^67s^2$ | $_{95}$Am* アメリシウム (243) [Rn]$5f^77s^2$ | $_{96}$Cm* キュリウム (247) [Rn]$5f^76d^17s^2$ | 9... (24... [Rn... |

原子量は 日本化学会"4桁の原子量表（2019）"に，電子配置は"CRC Handbook of Chemistry and Physics, 95th ed."による.